豐富人生美食藝術

樂活文化編輯部◎編

您相信僅僅一盤料理就能改變人生嗎？

文＝犬養裕美子
text:Yumiko Inukai

犬養裕美子
（Yumiko Inukai）
餐廳美食記者，以東京為中心，巡遊世界各地採訪餐廳情報。也是世界級餐廳排行榜「Sanpellegrino World 50 Best Restaurant」日本地區投票代表。同時擔任2010年設的日本農林水產省料理人彰顯制度審查委員。

料理竟能改變人生。世上真的有這麼了不起的料理嗎？相信不論是誰，聽了這種話都會覺得「又不是電視劇或漫畫的情節，未免太誇大其詞了吧」？就連我本人，被人詢問「那究竟是什麼樣的料理？」的時候，也常常會困擾著該如何回答。總之，不妨回想一下「孩提時代，每星期的營養午餐中，最期盼品嚐的西式焗烤」和「第一次在大飯店體驗的鵝肝醬」，或是「在巴黎三星餐廳吃到的海螯龍蝦」、「香港價值3萬台幣的高級鮑魚」等經歷，不妨試著從腦海中浮現這些令人懷念的景象，以及坐在乾淨舒服的座位上所享用的美味料理吧。話雖這麼說，卻不是要激發您非再嚐一次不可的執著。而是要藉由回味過去的美食記憶，萌發出「好想吃到比這更好吃的料理」這種幾乎要遭到天譴般的奢侈念頭。

簡單來說，我這個人就是為了每天都要吃到更好吃的東西而活著。聽起來說不定還有幾分瀟灑率性，但已確確實實地偏離了一般大眾的常態。這麼一想，說是「料理改變了我的人生」也就不嫌誇張了吧。每天到各地尋訪新的餐廳，等待料理端上桌而感到興奮與期待。只要品嚐一口，一切都會瞬間反映出來。喝到魚湯，就讓人想起「RESTAURANT Kinoshita」（P 10）的Soup de Poisson，清淡的口感和升華出高貴感的味道；一嚐到茄汁，就忍不住回想起「ACCA」（P 26）那宛如能把人喚醒般的清爽而濃郁醬汁。我個人最感到自信的事，就是能把曾將嚐過的味道記住並詳實地回想起來。當然了，因為是當下最美好的回憶，料理、食材，把當時嚐到的味道裡，最喜愛的部份收進記憶的抽屜中，就像是利用反射動作去提取需要的檔案一般，光用腦子的記憶是很難輕易回想起來的。這就是像我這種舊款式電腦，使用起來特別麻煩的缺點吧。

從4年前起，開始擔任「Sanpellegrino World 50 Best Restaurant」審查員，投入於評比世界各地的餐廳並加以列出排行的工作。這是由英國的專門雜誌於２００２年所推行的排行，由世界上23個地區的31位投票員，從過去一年半來所品嚐過的餐廳中，選出足以冠上「Best Restaurant」榮譽的店家。投票員有記者、美食評論家、主廚等等，全都是飲食業界的專門人士。這份排行榜，也逐漸受到世界餐廳業界的重視。

日本的餐廳也打進了前50名，２００９年時首次進入排行的「Les Creations de NARISAWA」（P88）取得了第20名，在亞洲區是最高順位，因此加頒了Best Asia賞。２０１０年除了「NARISAWA」（第24名、連續兩屆Best Asia賞）之外，「日本料理－龍吟」（P92）也獲得第48名的佳績。

成澤主廚在近幾年來，不斷追求在盤面上表現出季節變化，將焦點放在更寬廣的環境，不但陸續地發表了土、炭、灰等大眾注目性的料理，現在則以「森林」為主題，促使料理不斷進化。

而山本征治先生為了能更加推廣日本料理，更是時時刻刻謹遵「為什麼日本料理會以此為考量」的「理」（道理）。

這兩位人物之所以會受到世界的認同，正是因為他們總能把眼光放遠，並超越時代的尖端，努力確立出具有自我獨特性的料理。只要邂逅這兩位人物的料理，用「一盤料理就改變了一個人的人生」來形容。就像是繪畫或是音樂，接觸的瞬間就能感受「人的創造力」所衝擊。不僅是素材本身，而是透過某種形態傳達出來。

我曾在電視上看到工廠一天生產14萬個餃子的情況，從餃子皮的厚度、每一個的份量、包法都控制得分毫不差，那是完完全全的「工業產品」。在餃子裡，連一絲一毫的手工溫暖氣息都沒有。反過來，由料理人們親手調製的料理，會融入當天的氣氛或心情，醞釀出只有料理人才能調成的獨特滋味。「Jeeten」（P54）的「甜酒炒空豆蝦仁」、「一凜」（P136）的湯品、「櫸苑」（P194）的豆飯，我想邂逅這類料理。

本書是集結5年間的連載專欄，所彙整而成的精華，其中介紹的料理有些已經不在該店的供應菜單中。然而，我認為這些內容仍然確實地紀錄了日本現代料理文化的演進。當時的主廚們，說不定已昇華至更高遠的境界了，但那個人的個性、思考邏輯卻不會變，料理人對待料理，正是以一份無比誠摯的心情，賭上自己的人生。

「足以改變人生的一道料理」

對料理人來說，不正是因為每天製作並鑽研料理，才會進一步地訂定自己的人生走向嗎？由衷地希望各位能先在書面上品味我所邂逅的、品嚐過的、聞過的料理，然後為了要能和足以改變您一生的料理相遇，請動身前往餐廳實際品味吧。

2010年7月　犬養裕美子

CONTENTS

008 第一章 頂級的晚餐 ～主廚招牌料理～

010 RESTAURANT Kinoshita
014 RISTORANTE 山崎
018 一新
022 Restaurant AKADDIN
026 ACCA
030 江戶蕎麥 Hosokawa
034 Apicius
038 全家福
042 ACQUAPAZZA
046 La Branche
050 壽司匠
054 Jeeten
058 La Mange-Tout
062 LA BETTOLA da Ochiai
066 Wakiya 一笑美茶樓
070 BISTRO DE LA CITÉ
074 IL PENTITO
078 赤坂璃宮
082 K M

086 第二章 美味的設計 ～觀賞或品嚐都同樣美味的料理～

088 Les Creations de NARISAWA
092 日本料理 龍吟
096 Cuisine[s] Michel Troisgros
100 restaurant Quintessence
128 Le Dessin
132 Chez Urano
136 日本料理 一凜
140 Edition Koji Shimomura

104 Restaurant FEU
108 赤寶亭
112 Les enfants gates
116 禮華
120 Toshi Yoroizuka
124 RISTORANTE HiRo 青山總店
144 Le Sample
148 MIRAVILE
152 RISTORANTE HONDA
156 Au Bon Accueil
160 La cucina italiana Dal Materiale
164 OREXIS

168 第三章 地方餐廳～為品嚐美味料理遠赴他鄉～

170 壽司處 Mekumi
174 CAFE DE MAROC
178 YUSHI CAFE
179 職人館
186 starnet
190 Cucina Tokionese Cozima
194 欅苑

198 後序

200 料理類別餐廳索引
206 餐廳索引（依英文字母與中文筆畫順序）

※本書為日本《Real Design》（2006年8月號～2010年4月號）、及《Discover Japan》（2008年vol.1～2010年vol.8）的連載單元，加以校潤與修改而成。料理菜色為當時採訪所獲得的資訊，現今的供應菜色或許有所改變，店家也會因季節而取消部份的菜色，詳情請洽詢各店家。

第一章

頂級的晚餐

~主廚招牌料理~

料理人並不是單指調製料理的人。
料理人指的是能享受於調製料理過程的人。
在業界活躍了5年、10年、20年的主廚們，
必定都有一道能夠「訴說著歷史的一道菜色」。
本章要介紹給各位值得推薦的招牌菜色，
並請該店主廚解說正在挑戰的新穎料理。
首先瞭解主廚們對於「頂級的晚餐」的想法，
再實際體驗該道料理的豪華做法。
至今仍不斷求新求變的主廚們，
就讓我們一同來認識其思考的核心！

本章所收錄的專欄，轉載自日本《Real Design》（2008年10月號～2010年4月號）的連載單元，加以校潤與修改而成。料理菜色為當時採訪所獲得的資訊，現今的供應菜色或許有所改變，細情請洽詢各店家。

RESTAURANT Kinoshita

訴說著歷史的一道菜色

menu

使用新鮮鰺魚和甜蝦熬製而成Soup de Poisson法式魚湯

只用鰺魚的魚身，和甜蝦一起磨碎後調理，呈現出爽口細膩的口感。特色之一是在用火熬煮時，仔細地去除湯中多餘的雜質和泡沫，讓脂肪成份只存在於香味中，進化為質地、口感都更加優雅的湯品。配上麵包、起司和Aïoli（蒜味美奶滋）來享用。

4000日幣的本日套餐即附上本道湯品，亦可選擇5300日幣的Prefix套餐。

右頁的料理特別能感受到木下和彥主廚的風格，毫無多餘的裝飾，不彰顯虛華感，是以真實面貌呈現的一道料理。嚐嚐味道，傳來一股溫暖的氣息。這就是他的本質。

Soup de Poisson是將魚肉磨碎後加以調理，外觀相當樸實的湯品。因為製作手續繁雜，外表又不漂亮，很多主廚都不太重視這道菜。不過這道將眾多美味凝聚於小小一碗的湯品，是非常棒的料理。而主廚能將質樸的特色反映出「個人的料理本質」，並且引以為傲，實在是很有他的風格。

木下主廚在30歲時踏上料理之路。由於起步比別人晚，因此更努力工作。木下主廚的原點，是努力於做出一道讓他自己也感到美味的料理。1997年時，他終於能夠獨立創業。當時的套餐訂價僅為3800日幣。他說：「沒有什麼傲人經歷、也沒有去法國進修的我，只能全力來調製讓客人享受的料理了。」價格雖便宜，但毫不馬虎的食材加上份量十足，很快就替餐廳製造了話題，成為瞬間就會被預訂一空的熱門店家。然而，還是有些事令他耿耿於懷，「自己煮的料理，究竟算不算是法國料理呢？」有一次，一位法國美食評論家造訪店裡，木下主廚等他用完餐後，問了相同問題，而當法國籍的評論家回答：「oui！（當然！）」的時候，木下主廚的燦爛笑容令人永難忘懷。木下主廚的料理以往被人批評過於古板，但之後漸漸地越發自信。2002年時搬遷至現在的店址，一晃眼就過了8年。

「現在的做法是鞏固料理的內涵，讓它更加豐富。比方說Soup de Poisson就和以前完全不同了！」以前這裡的法式魚湯是將整條小尾的鯵魚熬煮，魚肉磨得較粗，湯的口感比較濃厚。嚐了一口新版的Soup de Poisson，讓人為之驚艷。最新的作品使用刮除內臟的鯵魚和甜蝦熬煮，湯頭的後味鮮甜，完全不帶任何魚腥味，口感清爽分明。「由於個人特別注重香味，確實有進步了吧？」木下主廚帶著不好意思的表情說。

木下主廚最近特別中意的料理，也都很有他所講究的特點。Tête de Cochon（豬的頭部）之嫩煎料理，和時下現代感而清淡的趨勢反其道而行，採取飽足感十足的料理手法。在營造食材的口感之餘，還在旁點綴煮得熟透的蔬菜等等，十分講究。「我想煮出不論重煮多少次都還能變得更好吃，值得讓人賭上一輩子人生的料理。」看著如此認真的木下主廚，使人感到無限安心，因為誠摯的料理人煮出的料理，不論何時必定同樣美味絕倫。

將九十九里的熱田先生精心培育的綠茶豬肉熬透後調理成的滑嫩肉排

以往就很注重於世界名牌食材的木下主廚，現在也開始注重日本的優秀食材生產商。「和生產商實地見過面，就能對食材有更深一層的認識」。吃綠茶飼料長大的豬五花肉配上包心菜一起享用。Prefix 套餐 5300 日幣起。

RESTAURANT Kinoshita （法國料理）

Chef

木下和彥 主廚

1959 年生於福岡，30 歲時才開始研習料理，在學習過程間積極地試吃以精進自身的技術，對料理有著異於常人的執著。在代代木上原擔任主廚時便相當有話題性，37 歲時正式獨立開業。2002 年遷移至代代木，是以穩定的高人氣為號召的實力派餐廳。

Data.

Restaurant Kinoshita

地址：東京都澀谷區代代木 3-37-1 代代木 Estate 大廈 1F
Tel：03-3376-5336
營業時間：12：00～14：00L.O.、18：00～21：00L.O.
公休：星期一
午餐：1900 日幣～
晚餐：4000 日幣～
須提早一個月訂位

map

豬各部位的嫩煎料理

使用豬的耳部、頰部、皮以及 Tête de Cochon（豬頭）調理的傳統菜色。加上烤得微焦的生火腿，煮到透爛的蕃茄、敏豆。看來自然又簡單的一道料理，深度的口感和美味卻叫人難以忘懷。Prefix 套餐 5300 日幣起。

值得注目的「鎮店之寶」

客人說「很像木下主廚」而特地買來致贈給店家的 Baccarat 水晶製哆拉 A 夢擺飾。確實頭和體型都很像耶！現在它被仔細地展示在酒窖裡。

從剛獨立創業使用到現在的 Fissler 平底鍋及各種鍋具。經過仔細的保養後，全套倒掛在廚房裡。對一位料理人來說，它們是最重要的工作夥伴。

地下的酒窖，竟然能收納多達 6000 瓶酒。這裡的洋酒標價低廉，加上品項之豐富，連專家都會為之驚嘆。尤其是 1990 年前後的勃根第，更是擁有讓愛酒家們為之瘋狂的龐大收藏。

RISTORANTE 山崎

訴說著歷史的一道菜色

menu

魚子醬義大利冷麵

這道菜色不包括在一般的套餐中，必須另外追加單點。由於是前菜，大約做成一口的份量。調理過程間會將煮完軟度適中的義大利麵，置入冰水中冷卻，這時為了不讓義大利麵染上其它味道，冰水中還要加進鹽巴，讓麵更好入味。因為魚子醬在世界各地的產量越來越少，相當難買到，足見這道料理的珍貴。未來可能會成為只能再三回味的夢幻料理。

4200日幣。

RISTORANTE YAMAZAKI（義大利料理）

日本人為了追求美味，在各方面都很願意下功夫。尤其是對溫度的講究，更是和歐美有著截然不同的堅持。長久下來，孕育出享受冷、熱溫度變化的料理文化。對日本人來說，冷麵並不少見，但義大利人可就完全無法想像冷義大利麵是什麼感覺了。

「RISTORANTE山崎」於1986年開幕，是東京義大利餐廳的老字號。從開業以來就一直堅守傳統的特別菜色，就是這道魚子醬義大利冷麵。餐廳老闆山崎順子當年在米蘭的「Marchesi」嚐過某道菜，並從中得到靈感，開發出這道獨特的料理。20年多前，推出以大理石冷卻的義大利麵，如此獨特的手法在義大利是相當驚世駭俗的創舉。

「不過，日本人還是適合較一般的溫度，我們是用浸泡冰水的方式來冷卻，以前菜的方式推出。」

令人感受到海洋氣息的黏滑魚子醬義大利冷麵，配上氣泡酒一同大快朵頤。在這裡用餐之所以會成為東京成熟人士的憧憬，正是因為有這道特別菜色的關係。

2008年，高塚良主廚接下第七代主廚重任，山崎女士非常尊重主廚的個人特色，因此任由料理隨主廚更改，只有這道特別菜色一直被保留住。

「我想傳達給本店的熟客一股未曾改變的味道，因此特別請初代的寺島豐主廚將做法傳授下來。」常來店內光顧的熟客，總是先嚐這道前菜，然後便一股腦地回想起「山崎」的味道。

另一方面，高塚主廚的得意料理就是Risotto（義式燉飯）。「日本人對義大利料理的印象大多是義大利麵，但透過不同料理，希望大家也能注意到，義式燉飯的口味變化性其實一點也不輸給義大利麵呢。」

高塚主廚所調製的義式燉飯，以纖細縝密的配置為特徵。像是南瓜燉飯，一開始會注意到主廚用了香草油來增加甜香，但事實上還利用了燻製鹽所創造的顆粒口感，以及附帶的特別香氣來為燉飯添加風味。細心品嚐的話，就能發現多重的味道。

僅僅31歲的年輕主廚，具有豐富的創造力與的想像力。用奶油炒蛋搭配義大利麵，上面再覆上鹽味培根醃肉的白醬培根義大利麵，光是外觀就充滿遊趣。

保持著老字號傳統的成熟穩重，「山崎」還多了份不斷進化的新穎氣質。這是因為在山崎女士的視野裡，給予主廚盡情發揮的空間所致。現在的東京，還有多少位老闆願意這樣培養主廚呢？一家餐廳要孕育出自己的文化，就不能缺少這種成熟的廣大視野。

南瓜口味
義式燉飯佐炸蝦

使用絞碎的洋蔥和南瓜、蔬菜，讓蔬菜的甜味浸透每一粒米，煮成燉飯後，再撒上燻製鹽和香草油來增添甜味、鹽味，香氣也因此變得更具多重性。品嚐到深刻的滋味之餘，還能享受帶有嚼勁的口感，正是這道菜的特徵。晚間套餐 1 萬 500 日幣起。

奶油炒蛋和鹽味培根醃肉

剛剛在鍋子裡煮得咕嘟咕嘟作響的是海苔、柚子胡椒風味醬汁。這是 10 年前在羅馬的 Gala Dinner 中，曾在 550 名義大利籍料理界人士面前展示過的「日本人設計的義大利料理」。在那之後，海苔、柚子胡椒也開始在義大利流傳開來。4300 日幣。

Chef

高塚良 主廚

1979 年生於富山縣。高中畢業後，於 1998 年 3 月遠赴義大利研習。在羅馬、薩丁尼亞等 11 家餐廳進修、任職，2003 年 11 月至 2008 年 9 月期間，於義大利維羅納南部的 Perbellini（2 星級）餐廳擔任副主廚。

Data.

RISTORANTE 山崎

Ristorante Yamazaki

地址：東京都港區南青山 1-2-10 WEST 青山花園 2F
Tel：03-3479-4657
營業時間：11：30～14：00L.O.、18：00～21：30L.O.　公休：星期日　午餐：套餐 1890 日幣、2625 日幣、4200 日幣、5775 日幣　晚餐：套餐 1 萬 500 日幣 另可單點　http://ristorante-yamazaki.jp

map

值得注目的「鎮店之寶」

呈 L 型的店內空間，中央的位置特別設計了圓桌席位。白天時窗外的林蔭大道，用餐視野使人心情開闊，晚間則適合進行正式的餐會。

餐廳的 Logo 由美術設計師渡邊 KAORU 親手設計。比起初期，現在的「山崎」在喜歡義大利的文人雅士、藝人、財經界人士間享譽盛名。

向大倉陶園特別訂製的彩繪餐盤，優美的金邊白瓷吸引目光。餐廳內的料理雖然經常採用新穎的設計，彩繪餐盤卻是自創業以來就使用至今。

一新

訴說著歷史的一道菜色

menu

清蒸鯛魚鍋飯

使用天然野生鯛魚，味道無從挑剔，相當美味，襯在底下的米飯，由於浸飽了鮮魚高湯，味道搭起來更是相得益彰。這道菜中，最重要的步驟在於蒸好之後，關先生堅持親手進行挑掉魚骨的作業，從到尾都由專業主廚雙手完成，令人感動。提早兩天前訂位，6名以上可併入9450日幣的套餐中。

堂而皇之地橫躺在大陶碗正中央的鯛魚，四周覆上滿滿翠綠的鴨兒芹。在套餐最後階段登場的清蒸鯛魚鍋飯，足以比擬為西餐中的主餐，現在也已是一新的招牌料理。餐廳外的招牌上，寫著「まるなべ（Marunabe）一新」，這是因為店主關新三郎在開業時，還打算推出鱉火鍋（Marunabe）的關係。「套餐的最後一道菜是鯛茶，但人數較多的時候就會改成鯛魚飯，這樣餐點才會比較有魄力。」因為比預期中更受歡迎，鯛魚鍋飯很快地就成了名聞四方的招牌料理。

「一新」是在平成3年（1991年）的夏天，由關新三郎和老闆娘廣子小姐創立。兩人都出身自赤坂的料亭「津やま（Tsuyama）」。由於是從政經界客人眾多的名店獨立出來，工作上自然一點也不馬虎。午間的每日特餐定價雖只有1000日幣，烤魚也一樣堅持端到餐桌旁才燒烤。希望讓客人在料理最好吃的時候享用，這份講究的心，儘管是午餐也絲毫不馬虎。

再者，回到清蒸鯛魚鍋飯的話題，這份美味再怎麼說，都還是來自鯛魚和飯的味道。使用產自淡路的鯛魚，重量近1kg。雖嚐過許多店家烹調的鯛魚，但連魚頭一起調理的店家實屬少見，而將魚皮烤出香酥口感的例子更是稀有。此外，米飯使用昆布高湯、水、酒炊煮，這是只有在一新才能品嚐的味道。以一般店家來說，大多以熬煮鯛魚骨做高湯，事實上，光靠魚骨煮成的高湯，味道根本不夠。

「昆布高湯加進鰹魚後雖然味道較為濃郁，但鰹魚加多了會蓋過鯛魚的味道。」關先生明快地道出重點所在。再來等飯炊好後，擺上鴨兒芹端上桌。接著，在廚房裡，關先生會卸開鯛魚，除去所有的骨頭，呈至餐桌前置於鍋飯上就完成了。這時，鯛魚的美味也會滲進米飯中。鯛魚的風味、味道，加上米飯的甜味、四溢的高湯香氣，美味的程度讓人百吃不膩。這是一般人在家裡絕對烹調不出的滋味。

清蒸鯛魚鍋飯本身雖然是相當有衝擊性的料理，但出自關先生手下，就不會是華麗誇張的類型。而且年復一年，也不見太大的變化。之所以擁有許多忠誠的支持者，正因為這個味道呈現出東京特有的紮實風格。在東京地區，日本料理多半傾向於關西、京都風，事實上，像這樣正統東京風細膩而實在的味道，反而相當稀有。

一目瞭然的清湯，口味不若京都圓潤甘美，也非大阪濃重的鹹味，而是恰到好處的鮮甜。蕪菁蒸粿的配料，或是百合根饅頭的甘葛藤高湯也一樣，在在讓人想大呼：「這就是東京的味道！」

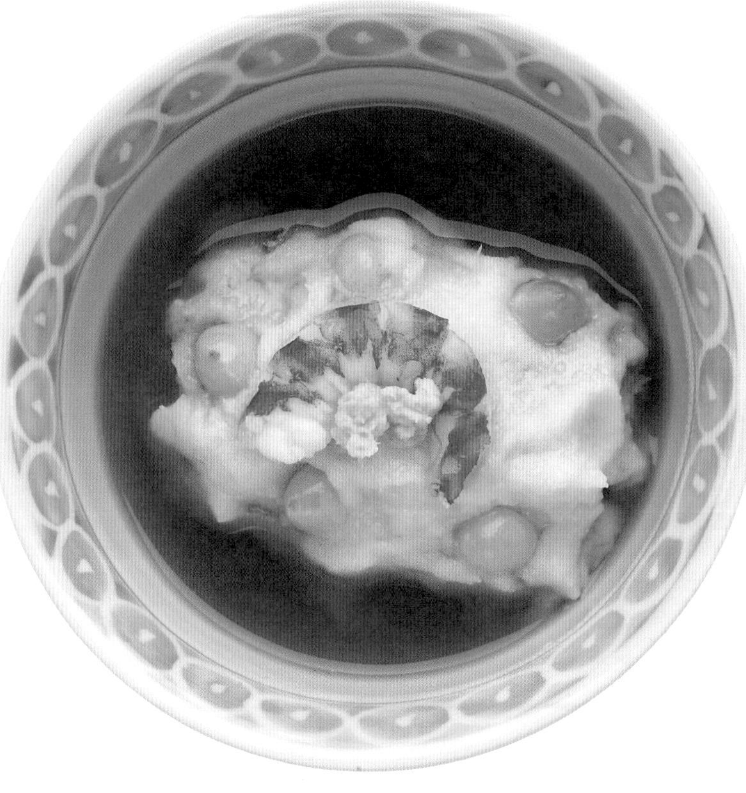

燕菁蒸粿

用最細的磨泥盒，花一個半小時把蕪菁徹底磨成泥，呈現出柔細的口感，再裝飾上銀杏。底下襯著甘鯛、鰻魚清蒸，最上層點綴蝦仁和山葵醬。配料呈現出火鍋高湯般的香氣與濃厚口味，這也是東京風的味道。套餐 8400 日幣起。

Isshin （日本料理）

百合根饅頭

把銀杏和蝦熬爛後，用葛粉固化，再包裹磨碎的百合根清蒸而成。質地鬆軟的百合根有著柔和的口感，成為濃重味道的緩衝層。有時，內餡也會改成蟹肉。出自 8400 日幣套餐。

Chef

店主・關 新三郎

1950 年生於東京都。在傳承東京正統派割烹料理的赤坂「津やま」修業多年。平成 3 年（1991 年）在代代木上原創立了一新。鱉、河豚料理大受好評，長久以來堅持味美價廉，讓許多熟客不惜自都心地區特地前往用餐。

map

Data.

一新

Isshin

地址：東京都澀谷區元代代木町 10-3 第三高宏大廈 1F
Tel：03-3467-8933
營業時間：12：00 ～ 13：30、18：00 ～ 22：00 L.O.
公休：星期六、日中午
午餐：每日特餐 1000 日幣、生魚片定食 1600 日幣、天婦羅定食 1400 日幣　晚餐：套餐 8400 日幣～不提供刷卡服務

值得注目的「鎮店之寶」

套餐中最先呈上的炊飯。在小小的圓缽中，盛載著用酒和高湯炊成的熱騰騰糯米飯。雖然是一開始用來暖胃的逸品，讓人想馬上再來一碗。

靜靜佇立在代代木上原地區商店街中的高級店面。套餐卻是 8400 日幣起，相當平價。為了一嚐清蒸鯛魚鍋飯，遠道而來的客人不在少數。

「Marunabe」就是鱉火鍋，必須事前預約。採用清徹高湯，可細細品味的火鍋料理。最後還用湯底來煮雜炊粥。可依照預算提供餐點建議。

Restaurant ALADDIN

訴說著歷史的一道菜色

menu

用馬德拉葡萄酒煮透的綠扁豆和鵝肝醬調成的蔬菜肉凍

不論從哪裡下口，都會是溶了滿口的滑溜柔嫩。不時浮現綠扁豆的酸甜滋味，讓人不禁雙頰一緊。封在嘴裡，一邊享受它溶化時帶來的美味，口中彷彿上演著難以言喻的協奏曲。這是每天必定會用來做為午、晚間套餐前菜的必備料理。

在法國料理餐廳的菜單中，要說絕不可或缺的菜色，必定就是Foie Gras（頂級法式肝臟料理）了。縱使現在是提倡健康取向的時代，但如果一旦少了肝臟料理，就不能稱之為法國料理餐廳了。不過，肝臟是一種相當棘手的食材，只要處理步驟稍有差錯，就足以決定肝臟將成為單純的脂肪塊，還是一種令人舌尖都為之融化的美味。因此，知名的法國料理餐廳，一定都有獨門的肝臟料理。

Restaurant ALADDIN的川崎誠也主廚，所精心調理而成的肝臟肉凍，擁有能讓法式肝臟料理迷們，無從挑剔的好味道。先以偏甜的馬德拉葡萄酒把綠扁豆煮到軟透，用來替肝臟襯味。又酸又甜的味道，質地鬆軟的口感令人欲罷不能。而且，肝臟本身的美味完全不受多餘脂肪影響，比任何食材都來得打動人心，呈現出清晰純粹的味道。

「打從我自法國回來，開始動手做這道肉凍，已經是20年前的事了。我自己也挺喜歡綠扁豆，而肉凍本身和其它家的做法不一樣。」

肝臟肉凍的基本做法，是先將血管、薄膜等雜質去除乾淨，接著用白蘭地等酒類調成醃醬，把捏成團的肝臟淺淺地浸泡其中，一邊小火熱煎，讓多餘的脂肪逼出來，再放冷等肝臟凝固。而川崎主廚則是把肝臟平攤在烤盤裡，送入烤箱，邊醃邊烤地去掉多餘脂肪，完成後再重新塑型、加熱，待其凝固。「像這樣平均地加熱，肝臟就能在口中滑順地溶化。」即使曾在巴黎學藝長達9年，這個特殊的方法卻不是從法國學回來，而是川崎主廚自己想出來的料理方法。

「當時我從一些小貿易公司找到品質很好的肝臟，日本也已經能取得和法國同等級的食材了，因此想讓大家嚐到真正的好味道。」

高規格的鴨肝，經過這種處理手續後，一送入口中就會像巧克力一樣溶化掉。

「Restaurant ALADDIN」開業至今年已長達17年，深受許多前往品嚐川崎主廚明快料理的顧客們所喜愛。「把想呈現在客人面前的食材直截了當地擺在盤子裡，這就是我的料理風格。當然還是會有所變化。」用茄子和秋刀魚烘焙成的圓筒慕斯，配上Rouille（美奶滋混入蒜蓉與番紅花泥，製成香氣濃厚的沾醬），主廚最拿手的鴿肉料理配上春菊的濃湯等等，不過，最核心的料理則完全不會更動。

接下來的季節將是川崎主廚拿手的野味盛產期。他笑著說：「昨天店裡每張餐桌上的都是鴨肉料理呢。」受人熱愛到這種程度的餐廳，實在是難得一見。

茄子和秋刀魚Charlotte圓筒慕斯
佐葡萄酒醋醬和普羅旺斯橄欖醬、Rouille法式蒜醬

將茄子剖半後炸過。在已呈現軟糊狀的中心部位填入秋刀魚，塑好型後連皮一起進烤箱烘焙成圓筒幕司。普羅旺斯橄欖醬中特別加了秋刀魚肝，再用常見於馬賽魚湯的法式蒜醬提鮮。
2200 日幣（1/2　1400 日幣）

Restaurant ALADDIN（法國料理）

法國布雷斯特產的鴿肉燒烤伴蘑菇泥
煎焙鴿腿配春菊法式濃湯佐鵝肝

鴿胸肉襯蘑菇、番杏，再將肝臟細切後，用黃芥末增添風味調製成配菜。鴿胸肉本身肉質細嫩柔軟。鴿腿則煎得香酥誘人。一口嚐盡春菊的苦，以及鵝肝醬連同醬汁醞釀出的美味。3200 日幣。

Chef

川崎誠也 主廚

1955 年生於宮崎縣。1979 年遠赴法國於「Côte d'Or」等名店修業長達 9 年。回日本後於 1993 年籌備「Restaurant ALADDIN」開業。以明快、令人印象深刻的料理風格為特徵，在四谷地區還經營了「MAISON Cache-Cache」。

Data.

Restaurant Aladdin

地址：東京都澀谷區惠比壽 2-22-10 廣尾 RIVER SIDE G 1F
Tel：03-5420-0038
營業時間：12：00 ～ 14：30L.O.、18：00 ～ 21：30L.O.
公休：星期日
午餐：套餐 3600 日幣、4800 日幣　晚餐：套餐 7000 日幣、1 萬日幣　另可單點
www.restaurant-aladdin.com

map

值得注目的「鎮店之寶」

川崎主廚相當喜愛古董藝品，自巴黎或日本的古董店購入不少收藏，店內也裝飾了許多裝飾藝術風的藝品。店內的氣氛彷如法國當地的餐廳。

門口裝飾了貓頭鷹的雕刻品和法式藝品，非常搶眼。右邊則是澀谷川美景，川崎主廚說：「因為喜歡位在河畔的氣氛，才選在這裡開店。」

天氣晴朗的時期，也會在入口處加設露天席位。即使是這樣的小角落，也適當地點綴了銀器、雕刻品等主廚的心愛收藏，讓客人仔細欣賞。

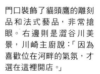

ACCA

訴說著歷史的一道菜色

menu

Pomodoro紅醬蕃茄義大利麵

簡單的紅醬蕃茄義大利麵。只有在5月初至入梅時節之前，才有機會嚐到這道義大利麵。這是用日本千葉地區的老婆婆所種的蕃茄，依照義大利卡拉布里亞地區的祖母級食譜調理而成。正因為是簡單的菜色，如果蕃茄不夠好吃，主廚可就絕對不會放行。在此介紹的三道菜（連同P 28～29兩道），都是出自主廚的推薦套餐。

自1997年開業以來，林主廚就一直是大眾無法忽視的存在。許久沒有嚐到他的套餐，不由得吃了一驚。料理的風格不但變得比以前簡單，還能清楚地感受到義大利料理的餘韻。有一種明快、直接的美味。讓人不由得感動於林冬青主廚所擁有的「力量」。

1997年，以32歲的年輕身份創立餐廳的林主廚，身為正統派義大利餐廳料理界的旗手，一舉一動都深受注目。本人曾說過：「就只是想跟義大利人一樣思考、一樣地調理。」本人雖然沉默寡言，但鉅細靡遺的料理風格，透露出他行事嚴謹的態度。過去，他相當講究於義大利食材或調味料等等，但近來目光也轉移至日本當地的食材，也會親身前往築地，購買壽司店等級的高級魚貨。從幾年前起，店裡的菜單僅供應主廚推薦特餐，因為想要盡情地使用高檔食材，花在食材上的成本節節升高。「某一天突然想通後，就不再朝那方面堅持了。比起使用更高級的魚，應該還有別的方面該加強。」

套餐包括蔬菜和魚貝類的前菜4道，義大利麵2款、肉類料理1種，甜品2式，種類多變化。肉類料理會依整體方向做調整。

其中有一道菜色特別令人懷念，那就是最簡單的紅醬蕃茄義大利麵。在義大利製作蕃茄醬汁時，慣用的是San Marzano（聖馬札諾小蕃茄）。雖然現在日本也有種植這種蕃茄，但無論如何也種不出一樣的香氣和酸味。林主廚再三試過後還是無法接受，正打算要放棄的時候，偶然取得一位老婆婆沿街叫賣的蕃茄，嚐過後驚為天人。這正是義大利的香味！自此之後，一到產期便向特定的農園進貨，選出香氣較高的蕃茄，用於調製義大利麵。捲起義大利麵送入口中，明晰的香味擴散開來，含在嘴裡蕃茄的酸味讓人不由得緊縮著雙頰。咀嚼之間，義大利麵、帕瑪森乾酪的甜味越嚼就越香濃。這就是主廚的原點—義大利的正統味道。

最近，林主廚正好也改變了肉排的煎法。這道小羊排，簡直就像是要人直接去品味肉塊的味道似的。等顧客已經入席後，就起火熱鍋，持續加熱2個小時，堅持在狀態最完美的時刻上桌。

「肉排煎至半熟後，先離火讓它自熟，等到正式食用前才再加溫，秉持這套基本原則。但我認為持續加熱，更能夠保持味道與溫度。」這一點由肉排的味道就可以獲得證明。

去掉多餘的贅飾、表現豐沛厚實的味道。似乎背道而馳的兩種特點，卻奇蹟般地並存於林主廚的料理中。比起化學實驗式的料理，這更加令人感到不可思議。

小羊排

由內行人介紹才取得的北海道小羊。由於是不會長大的品種，因此肉質柔軟，味道也很細緻。將肉排慢慢地以文火加熱兩小時，呈現極度柔嫩、多汁的口感。為了要顧客專心品嚐食材的味道，極盡所能地保持簡單的擺盤。

ACCA （義大利料理）

松葉蟹

配上 Colatura di alici di cetara（用沙丁魚加鹽製作成的義式魚醬）來提襯出辣味的醬料，大口享用鮮嫩多汁的蟹肉。用來做為配菜的義式醃洋蔥，更添上一股纖細的甜味和柔和的口感。

Chef

林冬青 主廚

1965 年生於東京都。在都內的義大利餐廳修業 3 年後，前往義大利深造。長達 5 年的研修期間，後半的 3 年活躍於義大利倫巴底的 il sole 餐廳，擔任主廚的助手。回國後於 1997 年 5 月獨立創業。

Data.

ACCA

地址：東京都澀谷區廣尾 5-19-7
Tel：03-5420-3891
營業時間：12：00～13：00L.O.、18：00～21：00L.O.
公休：星期一
午餐：主廚推薦特餐 4500 日幣～　晚餐：主廚推薦特餐 1 萬 5000 日幣～
無單點服務　可刷卡

map

※ 上圖為店內裝修前照片

值得注目的「鎮店之寶」

圖為法拉利的迷你車。聽說主廚在義大利修業時，曾開著 Alpha Romeo 代步，現在開的則是世界上僅存 300 輛的 92 年型 Maserati 中古車。

餐廳一開幕，馬上就獲得「JAPAN TIMES」的介紹，外籍顧客也因此增加不少。今年也獲得義大利知名導覽書《IDENTITA' GOLOSE》專文介紹。

「ACCA」在義大利文中指的是「H」。也是取自「林」的日文羅馬拼音第一個字母。店內溫暖的氣氛正是吸引顧客的主要原因。

江戶蕎麥 Hosokawa

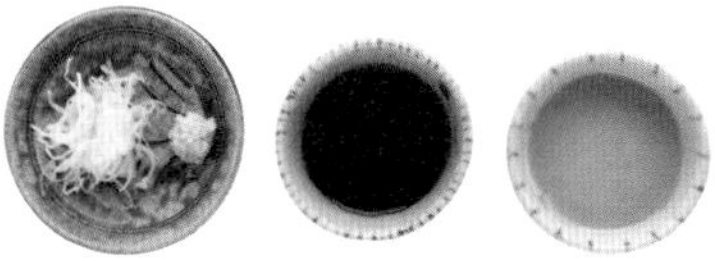

左起是用蔥和山葵醬組成的香辛料、沾醬、蕎麥熱湯。沾醬是味道明晰的爽口類型。用蕎麥熱湯加以沖淡時，所散發出來的濃濃鰹魚香十分誘人。受到細川先生的影響，推出口味濃重的蕎麥熱湯店家變多了，令人感到欣喜不已。

訴說著歷史的一道菜色

menu

蒸籠蕎麥麵

左起是用蔥和山葵醬組成的香辛料、沾醬、蕎麥熱湯。沾醬是味道明晰的爽口類型。用蕎麥熱湯加以沖淡時，所散發出來的濃濃鰹魚香十分誘人。受到細川先生的影響，推出口味濃重的蕎麥熱湯店家變多了，令人感到欣喜不已。

Edosoba Hosokawa（日本料理）

近年來以手工桿打為號召的蕎麥麵店日益增加。店主大多從其它業界轉職而來，因為本身喜歡蕎麥麵，想要投入一生精力在這項事業中。他們，必定會前往造訪的店家，就是「江戶蕎麥Hosokawa」。店主細川貴志先生，完全不使用小麥粉來增加延展性，而只用蕎麥粉打十割蕎麥（百分之百蕎麥）。具有撲鼻的濃烈蕎麥香、滑順入喉感的細打蕎麥麵，不但是每個人的憧憬，也是業界的頂點。即使是細川先生自己，時常以十割蕎麥為目標，不斷地精進努力。

細川先生開始經營蕎麥麵店，是在昭和60年（1985年），從琦玉縣的吉川地方起步。「一開始只是普通的蕎麥麵店，沒多想什麼就開店了。後來為了想做出更好吃的蕎麥麵，大概有2年的期間，開始憑自己的想法去製麵，連為客人煮東西的心思都沒有，結果客人全都不來了，真是糟糕呢。」收購玄蕎麥、去殼、篩選，不假他人地研磨成粉，然後打麵。由於得親力親為，得耗費龐大的時間。「有時候也會因為趕不上開店時間、打不出自己滿意的麵乾脆就終止營業。」

就算是使用已精製成粉的現成蕎麥粉來和麵，卻依舊堅持「手工打麵」的原則，結果花費的是3倍，甚至4倍的勞力。細川先生的原則，就是要打出能讓自己滿意的麵條。不使用能增加延展性的成份，還要能打出具彈性的細目蕎麥麵，完全得靠製粉的技術，並分辨蕎麥麵糰狀態。每個細節都必須經自己一一確認，才能打出滿意的蕎麥麵。但不論技術多好，一樣沒辦法彌補最重要的原料—玄蕎麥。細川先生巡訪蕎麥的產地，觀察田地，和種植蕎麥的農民請教。「但是，這些東西都會改變，所以還是找不完的。」不斷追尋「美味蕎麥」的立場，可以說就是細川先生的生活形態了吧。

2003年，細川先生將店面遷至兩國地區。「這下子就可以抬頭挺胸地稱之為江戶蕎麥啦！」同時店名也改為「江戶蕎麥Hosokawa」。由「居住之塾」的高橋修一所設計的空間，非常適合悠閒地品味蕎麥麵。用炸至金黃可口的鰻魚天婦羅和軟呼呼的煎蛋當做下酒菜，暢快地小酌幾杯，不論冷蕎麥麵、溫蕎麥麵，兩種都值得品嚐。大快朵頤香濃的蕎麥麵後，千萬別忘了蕎麥熱湯，雖說一般都是清湯，但這裡的蕎麥熱湯就像玉米濃湯般濃郁，因為湯中特地溶入了蕎麥粉。溫熱的蕎麥回沖清湯，有著讓人不嫌膩的爽口滋味。江戶時代應該沒有這麼了不起的蕎麥麵店吧，因為平成時代的這家江戶蕎麥，味道才是最頂尖的。

釧路產的牡蠣蕎麥麵

細川先生對配菜類的食材也很講究。夏天就用甜玉蜀黍或空豆來配炸牡蠣，冬天就用從京都買來的青蔥等等，全都是值得人細細品味的佳餚。碗裡的牡蠣飽滿肥厚，下麵前就燙過一次，讓牡蠣如奶製品般的順滑風味更加突出。2300 日幣。

Edosoba Hosokawa（日本料理）

酒糟風味天婦羅

鰻魚天婦羅、包著牛蒡的炸牡蠣等等，讓人想在蕎麥麵前先行享用的天婦羅很多，但細川先生最近喜歡的是這個用酒糟做為外皮的炸物，裡面是香濃牽絲的起司。「和日本酒搭不搭？這還用說嗎！」700 日幣。

Chef

店主・細川貴志

1948 年生。最早於埼玉縣吉川小鎮開始經營蕎麥麵店，後轉向為自製麵條。摸索當時還極少見的自製麵條，以經驗累積出獨門的技術，成功製作十割蕎麥麵。2003 年遷至兩國。2008 年秋季獲得米其林 1 星殊榮。

Data.

江戶蕎麥 Hosokawa
Edosoba Hosokawa

地址：東京都墨田區龜澤 1-6-5
Tel：3626-1125
營業時間：11：45～15：00、17：30～20：45
公休：星期一・每月第三個星期二
www.edosoba-hosokawa
每月第三個星期六晚上定期舉辦行蕎麥麵教學活動

map

值得注目的「鎮店之寶」

店面深處是一間大桌的包廂，足夠 8 人用餐。房間裡的窗戶大開口設計，牆壁、天花板都覆蓋著珪藻土，柔和的光線也讓人能心神舒暢。

出自高橋修一氏所設計的手筆。以昭和時代的木造建築為基礎，打造成一幢保留其自然風味的建築。絲毫不顯突兀地和周遭純樸的小鎮風景融為一體。

喜歡用餐時的器皿，不妨當場買下。「買回去不能擺著當裝飾喔，要常常拿來用」。店裡可見白金的酒杯、出自岩永浩氏的伊萬里等等。

Apicius

訴說著歷史的一道菜色

menu

內含切花捲蝦、葡萄乾、隱元豆的肝臟肉凍「1983」

盤底襯的是法國梭甸區貴腐甜白酒凍。肝臟自古以來就是搭配酸甜系的水果，混入肉凍中的葡萄乾也是用來提味的要角。這道菜中使用的肝臟，屬於味道特別濃重的鵝肝。上菜時會先用大銀盤將剛從模具中脫下來的整塊鵝肝肉凍，端至桌邊展示，稍後才切成一人份端至顧客面前以供享用。乘裝的器皿是向大倉陶園特別訂製的真金滾邊瓷盤。這道料理是為了餐廳25週年紀念，於特定期間內重新供應。

以Grand Maison（頂級法國料理餐廳）的身份刻劃光榮歷史的Apicius，今年迎向第25週年。頂級法國料理餐廳在料理、服務，以及店內所準備的備品、庫存品等方面，必須完全對應顧客的要求。在1983年創業初期，創始人要求「各方面都要道地」，因此才在新藝術風格的裝潢之餘，裝飾Marc Chagall（馬克・夏卡爾）、Andrew W（安德魯・魏斯）、Bernard Buffet（畢費）、Claude WEISBUCH（維士巴修）等名師畫作，以及羅丹的雕刻品，還準備了特別訂製的食器和銀製餐具。廚師方面，也召集了曾在法國修業的人才，顧客中來自政界、財經界、文化界人士，以及自海外來訪的客人。提供真正道地的法國料理，瞭解其理念的客人，雙方有如紅酒般成熟圓融的默契，締造出如此特別的餐廳。

一旦就座，便教人忍不住發出讚嘆。有如美術館般瑰麗的空間、恰如其份的服務、和客人間體貼優雅的互動，還有餐桌上的華美料理。餐廳化身成綜合藝術聚集之地，而使人感動不已。

2008年就任主廚的岩元學料理長，從旁全程參與了餐廳內所有菜色的誕生。名聞遐邇的獨門料理，是用小笠原產的海龜煮成的法式清湯，以及用海膽、魚子醬調理的蔬菜鮮奶油乳霜慕斯伴濃湯凍。但要說到最代表性的料理，果然是鵝肝醬肉凍。「Apicius」之名是紀元前1世紀時的一位羅馬廚師，他發明了將鵝的肝臟養大，並將鵝肝料理發揚光大。冠上這個名字的餐廳，招牌料理非鵝肝莫屬。以此為考量下，輾轉設計出加了切花捲蝦、葡萄乾與隱元豆的鵝肝醬肉凍。「希望增加一些獨具外觀印象的特色，才特別加入蝦子。以法國料理來說，其實還是螯蝦或小龍蝦較受歡迎，但它們的肉質很容易在鵝肝過火加熱的步驟中變硬，因此才試著用日本料理中常用到的切花捲蝦，沒想到意外地對味。」

對道地的法國料理抱著不讓步的堅持，卻仍處處流露出日本飲食文化裡獨特的細膩之處。

現在，岩元料理長獨門的鵝肝醬肉凍搭配蒸蔬菜料理，也已併入菜單中。「我在法國第一次吃到的鵝肝醬，配菜是用馬鈴薯。這個組合的美味程度令人震撼。」岩元料理長把對當時的懷念，全都傾注在這料理中。

隨著時代變化，料理的表現方式也會隨之改變，但本質卻不會有所動搖。正因為如此，Apicius才會長久以來受到廣大支持，並且帶給首次造訪的顧客莫名的感動。真正道地的法國料理餐廳，就是具有永遠滿溢著打動他人的力量。

鵝肝、松露和甘藷香芹肉凍
佐貴腐甜白酒凍

肝臟部份使用鵝肝和鴨肝來調理，法國當地現在也傾向於喜愛鴨肝料理。新鮮的黑松露毫不吝惜地使用了稀有的澳洲產品。現在也發展到從南半球空運松露而來的時代了。5770 日幣（小盤 3780 日幣）

值得注目的「鎮店之寶」

於 2007 年改裝時，特別訂製的明鏡。由位於巴黎近郊的 Fancelli 工坊（為了修復凡爾賽宮而由義大利工匠成立的團隊）製作。

玄關門扉是出自雕刻家尾崎進手筆的羊角形把手。開幕當時是用蘭花造型的把手，但上任店主非常喜愛動物，和摯友開高健討論後改成現在的樣式。

Chef

岩元學 料理長

1959年生於東京。在都內的法國料理餐廳修業後一段時期，1983年「Apicius」創業時就任廚房內勤工作。2008年升任料理長。「從孩提時期就有偏食的習慣，但進了高中後，開始注重飲食，對法國產生莫大的憧憬，進一步地踏上了料理之路。」

Data.

Apicius

地址：東京都千代田區有樂町1-9-4蚕系會館大樓B1
Tel：03-3214-1361
營業時間：11：30～14：00L.O.、17：30～21：00L.O.
公休：星期日
午餐：套餐5000日幣～ 晚餐：套餐1萬2600日幣～
另可單點
※ 男性需穿著西裝

map

布雷斯特產乳鴿煎烤料理佐悶煎鵝肝
Argand'or頂級天然植物油風味

以含有大量維它命E的頂級天然植物油，增添料理的多重風味。5950日幣（小盤4200日幣）

飛魚Mille-Feuille千層酥
澆蜂蜜酒醋

酥酥脆脆的質地，是用在起司糕點上的鬆脆薄餅皮。大膽地採用各種新穎搭配。

全家福

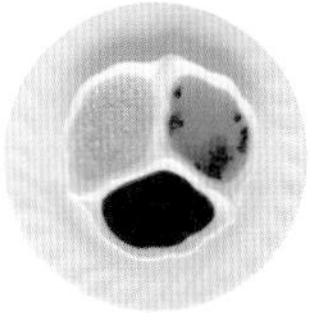

訴說著歷史的一道菜色

menu

三種大閘蟹前菜

最前面的是老酒釀醉蟹、右上是白酒椒鹽煨大閘蟹，左上則是蒜蓉大閘蟹。以上每種各4000日幣。老酒釀醉蟹選用精釀12年以上的陳年醇酒，完全不消滅大閘蟹的原有美味。附有這三種前菜的是2萬2000日幣起的套餐，套餐內容還搭配了大閘蟹料理、魚翅羹、知名的叫化雞、鮑魚、海參等等，可說是最頂級的晚餐。醃或煨的料理適合使用母蟹，而公蟹體型較大，宜用清蒸手法。店內的清蒸大閘蟹一隻3500日幣，整隻享用，美味無窮。

一回神，便不自覺地朝著九段下的「全家福」走去。雖說它賣的是上海料理，但和至今吃過的別家上海料理，可說是完全不同。不論是哪道菜，全都像是自家料理般順口，而且飽足後盡興爽快的感覺，叫人不知該怎麼形容。硬要說的話，那是一種「乾淨的味道」。不是像「美味」之類的讚美，而是因為純淨的味道，使人心情因料理而平靜下來。

店長蓋文魯先生，2005年時開創了這家上海料理餐廳。不過，他早在1985年就已經遠赴日本。當時接受中國大使館的邀募，蓋先生早在青島的高級飯店工作時，優秀的廚藝就備受注目，經由中國駐日大使的引薦隨行至日本。4年之後，一度返回中國本土，但後來開幕的「中國飯店」又禮聘他至日本任料理長一職。而全家福這家店，之所以受到政界、財經界、文化界人士的支持，一切都是因為蓋先生的料理。「不論是什麼樣的料理，都要懷抱心意去做。」這就是蓋先生的座右銘，而他的品味卻是超脫了常人能想像的範圍。不只是魚翅、鮑魚等高級料理，就算是一盤青菜，憑他的手藝來裝盤，面貌也完全不同。

到了秋意漸濃的時期，總會有熟客頻頻打電話來，問著「今年什麼時候才開始？」原來是因為大閘蟹到了盛產期。「自九月底開始直到隔年的1月為止，最好吃的是11月的公蟹。肝臟肥美，蟹膏也很飽滿。」只要單純蒸熟就很好吃，但放入老酒浸成的醉蟹，其鮮蟹肉與濃厚的蟹膏入口即化，欲罷不能。蓋先生的手藝還不只這樣，山椒蟹、蒜鹽漬蟹等獨門料理，都是創立「全家福」之後才推出的新菜色。

山椒蟹是在蒸好的整隻大閘蟹上，灑上磨碎的山椒，增加刺激的口感。而蒜鹽漬蟹，是將蟹漬一個星期，讓整隻蟹都浸透大蒜香與濃重的香氣，最適合襯托蟹肉的鮮美，是大閘蟹迷們無法抵擋的調理方式。

「一向就是以陽澄湖產的大閘蟹為最頂級，但近來真的非常難買到出自陽澄湖的螃蟹。即使如此，店裡用的是最高級的大閘蟹喔。」

這道大閘蟹湯麵，不惜使用最高級的大閘蟹來烹調，連湯頭都是由大閘蟹熬煮而成，可謂奢侈的美味。味道香濃不膩，純粹地表現出螃蟹特有的鮮味。

「將食材本身的味道忠實地表現出來，蔬菜高湯也一樣，只用了青菜和少許鹽巴，就能展現十足的好味道。這是由上天所賜的自然美味。但只有這點本事，可就做不了生意啦！」蓋先生笑著說。這種引發食材美味的方式，如果沒有專業的手法輔助，又怎麼做得到呢？

酸辣白菜燴海參

由於海參是切成薄片，因此原本吃起來脆脆的口感，變得軟嫩嫩地。細膩的刀工也成了這道佳餚最引人入勝的地方，清楚又犀利地表現出胡椒的辣味和醋的酸勁，正是上海風料理的特色之一。濃濃的蒜香也成了絕妙的襯托。4000 日幣。

Zenkafuku （中華料理）

大閘蟹黃湯麵

麵裡用的不是雞湯，而是用大閘蟹熬成的湯頭，再將蟹肉、蟹膏全都下鍋炒勻，放在麵上做為配料。簡直就像大閘蟹全餐般豪華的湯麵，訂價為 3000 日幣，其它還有大閘蟹湯（1800 日幣），或是蟹膏炒飯（1800 日幣）等等，可享受大閘蟹的多重變化。

Chef

蓋文魯 料理長

出身於中國青島地區。18 歲便進入飯店工作，25 歲時應中國駐日大使館之邀遠赴日本工作。於大使館任職料理長 4 年之後，又受聘至「中國飯店」擔任料理長。長期任職 17 年後，於 2005 年在日本獨立，2007 年另外創立了以青島料理為訴求的「青島飯店」。

Data.

全家福
Zenkafuku

地址：東京都千代田區飯田橋 2-1-6
Tel：03-3556-1288
營業時間：11：00 ～ 15：00L.O.、17：00 ～ 22：00L.O.
公休：星期日
午餐：900 日幣～
螃蟹套餐 5500 日幣～ 1 萬 2000 日幣～
另可單點

map

值得注目的「鎮店之寶」

連宮崎駿導演都是蓋先生料理的支持者。自以前開始，常客中就包括許多巨人隊的棒球選手或文化界的人士。

大閘蟹的模型擺飾。公蟹較大，旁邊較小的就是母蟹。翻過來看的話，會發現連腹部不同的特徵都細膩地描繪出來。

ACQUAPAZZA

訴說著歷史的一道菜色

menu

ACQUAPAZZA

這道套別介紹的菜色，是用產自長崎五列島的伊豆石狗公（鬼菖鲉）。由於使用橄欖油和水將魚身燙熟，因此湯汁也變得稍帶濃稠口感，魚肉本身帶有的膠質，也是一大品嚐重點。指定使用產自義大利當地的橄欖油和風乾蕃茄，為料理做最後的華麗變身。一尾魚約2~3人份。1680日幣／100g，依魚的品種做時價調整。在晚餐時段1萬500日幣或1萬2600日幣的套餐中，也可享受這道料理。

稍微向路人打聽一下「ACQUAPAZZA」，如果對方熟知東京的義大利料理，一定就會回答「喔！廣尾嘛」，或是再接上「你是說魚類料理很有名的ACQUAPAZZA吧」、「八成是想要去嚐嚐日高主廚的拿手菜吧」等等。料理名同時也是店名，更是主廚的招牌手藝。與其說是簡單化，倒不如說沒有比這更讓人印象深刻。

在1990年日高良實主廚開創ACQUAPAZZA。「當時義大利料理正要風行，店家慢慢開始變多，我在考慮店名時拚命回想足以讓人印象深刻的字眼，腦海裡浮現的就是這道料理的名字。」ACQUAPAZZA正是日高主廚在義大利修業的3年之間，最能深刻感受到義大利風格的料理。仔細檢視食材，明明只是用水和橄欖油、風乾蕃茄把新鮮的魚煮透而已，也沒有多加特別的佐料，卻能提出食材的原味。讓人讚嘆「這就是義大利料理！」

「義大利人其實和日本人一樣愛吃魚。只是他們不吃魚皮的部份，而日本人喜歡連烤得香噴噴的魚皮一起吃，這是較大的不同點。」日高主廚正是把焦點放在日義兩國的不同處，先將魚皮表面烤得焦焦後，再下鍋煮到熟透。進一步運用蛤蜊煮成的高湯來增添美味。「義大利人雖不太用貝類去熬高湯，但日本人很能接受。試過各種貝類後，覺得蛤蜊的味道最合。」能夠恰如其份地襯托出魚肉的鮮美，烤得微焦的魚皮加上蛤蜊高湯，完成了「日高流」的ACQUAPAZZA。而這道料理也自然而然地成了大家心目中，日本地區義大利風格魚類料理的最佳代表。

石狗公、大翅鮶鮋、紅金眼鯛……使用整尾當季盛產的魚，把盤子塞得滿滿地。紅色的風乾蕃茄、黑色的橄欖，綠色的酸豆，點綴出繽紛的顏色，適於擺在桌上分食。能夠輕易夾開的鬆軟魚肉，隨著魚皮微焦的香味，加上魚肉的甘甜與鮮美一入口就溢散開來。帶有蛤蜊鮮甜的高湯，則是能增加濃厚口感的醬汁。充滿爆發力的活潑料理，是義大利料理的原點。

日高流ACQUAPAZZA從亮相到成為經典料理，幾乎花上20年的時間。一道料理要和新的土地、文化徹底融合生根，這樣的時間絕對不算長。而這道歷史的脈絡也會繼續發展下去吧。不僅是日高主廚本身，在他手下修業的眾多廚師也一樣，今後仍要將ACQUAPAZZA推展得更廣更遠。因為夠好吃，才能夠成為值得世代流傳的經典料理。

一道好料理，不論流傳到哪裡，都一樣洋溢著它天生而來的生命力。

百菇黃豆粉豬肉腸義大利麵
下田產葡萄柚香

義大利料理中說到要加入柑橘香的話，多半是使用檸檬，日高主廚卻使用帶有濃濃甜香的葡萄柚。只要聽說日本各地新出產的優秀食材，驚喜就會像這樣毫不聲張地悄悄隱藏在菜單中。2500日幣。

ACQUAPAZZA（義大利料理）

義式蔬菜魚類綜合炸物
佐海苔柚子胡椒熱奶油醬

剛剛在鍋子裡煮得咕嘟咕嘟作響的是海苔、柚子胡椒風味醬汁。這是 10 年前在羅馬的 Gala Dinner 中，曾在 550 名義大利籍料理界人士面前展示過的「日本人所設計的義大利料理」。在那之後，海苔、柚子胡椒也開始在義大利流傳開來。4300 日幣。

Chef

日高良實 主廚

出身於日本兵庫縣，修習過法國料理後，轉攻義大利料理。1986 年遠赴義大利，由北而南地巡遊各地名店後回國，自 1990 年起任 ACQUAPAZZA 料理長。現在則為店長兼主廚。2007 年開設橫須賀 ACQUAMARE。

Data.

ACQUAPAZZA

地址：東京都澀谷區廣尾 5-17-10 EastWest B1
Tel：03-5447-5501
營業時間：11：30～13：30L.O.、18：00～21：30L.O.
公休：無
午餐：套餐 3500 日幣
晚餐：套餐 8400 日幣～另可單點

map

值得注目的「鎮店之寶」

和有田燒的工作坊合作推出「HITAKAYOSHIMI」系列食器。「因為樣式簡單，所以用起來很舒適。」這系列的食器也用於右頁的料理中。

日高主廚因喜愛而買下的畫，出自波蘭的一位畫家。日高主廚喜歡色彩鮮明的畫作，因此其它系列作也陳設在用餐的環境中。

長年在料理教室修習的學生所致贈的銀質花器。魚和大蒜造型的外觀相當獨特搶眼。裝飾在店面中庭的露天席位上，增添可愛的氛氛。

La Branche

訴說著歷史的一道菜色

menu

松露風馬鈴薯沙丁魚千層肉凍佐濃湯

由馬鈴薯和沙丁魚交疊而成的法式肉凍。馬鈴薯依盛產時節選用不同品種，品嚐時候是用北海道的KITA-AKARI，但有時也會換用Inca的MEZAME。這道料理最重視整體的平衡感，沙丁魚選用銚子或駿河產的新鮮魚貨，著重於當季盛產的食材。整年間不論午、晚餐，都可在套餐中指定這道料理為前菜。

La Branche（法國料理）

廚師絕不是輕鬆舒服的職業。從大清早直到半夜都得待在廚房，一回神就又忙碌地過了一天。就這樣日復一日過著同樣的生活。雖然看似庸庸碌碌，卻隨時得卯足全力，投注精力於烹煮自己的料理。這才叫真正的廚師。以這點來說，La Branche的田代和久主廚，正是現在最受年輕廚師所憬仰，具有德高望重的地位。

田代主廚在1979年赴法國進修，回過後任主廚數年，在1986年時正式獨立創業，一晃眼就過了24年。不急於開設分店，只管一心一意埋頭於烹調料理。期間陸陸續續地推出不少特別菜色，但足以舉出最能代表La Branche的招牌料理，還是這道「松露風馬鈴薯沙丁魚千層肉凍佐濃湯」莫屬。就法國料理來說，沙丁魚算是大眾魚種，馬鈴薯也一樣，絕對算不上主角，兩種都不是重點型的食材。而田代主廚卻將這兩種食材添上松露的風味，漂亮地以「法國料理」的身份，呈現在顧客面前。

「雖然做了15年以上，絲毫不會感到厭倦呢。因為稍不留意就會毀掉味道的平衡感，做的時候要小心再小心，反倒感到興趣」

馬鈴薯粉的甜味、沙丁魚柔潤的油脂，以及培根和松露慕斯帶來的豐盈風味。做為配菜的沙丁魚濃湯，煮成卡布奇諾般的濃稠口感。不論嚐過多少次，都能感受到那種最直接的美味，正是如假包換的特色菜。

田代主廚的料理能開創新境界，是從開始注意到日本產的食材開始。20年前的日本，還沒有辦法像現在一樣方便地取得法國的食材，因此所有人都認為「果然不在法國就沒辦法做出法國料理」而讓步。這時的田代主廚，從和各地的食材生產商碰頭後，開始挑戰能以日本的食材完整表現法國料理的菜色。竹筍、芹菜、山菜等，積極地融入日本特有食材。到現在，這些材料已經理所當然般地被運用在法國料理中，卻沒有人能像田代主廚般大膽，並且細心地將食材調理搭配得天衣無縫。

在田代主廚手下修習的年輕學徒，許多都已經獨立，或是已經當上了其它店的主廚，盡情地大展長才。他們到現在都仍然尊敬著田代主廚，原因就是田代主廚堅持以料理人的身份站在廚房第一線的原則。「再怎麼樣也比不上田代主廚。但是，總是抱著想追隨其後的心情在努力！」像這樣，每個人所抱持的理想、付出的努力，穩穩當當地支撐起日本的法國料理界。

「我想日益精進製作出好吃的美食。」

德高望重的主廚心中，依舊燃燒著對料理的熱情。

以竹筍和鵝肝為主的
野芹嫩筍鵝肝

竹筍和野芹菜（石龍芮）都是日本人才想得出來的搭配，但嚐在嘴裡，卻能享受到道地的法國料理風味。概念來自令人懷念春天山巒景色。產自群馬，香氣強烈的野芹菜，能把鵝肝的濃重口味中和掉，創造爽口的味道。午間 7800 日幣的套餐補 2500 日幣可做為前菜。

La Branche（法國料理）

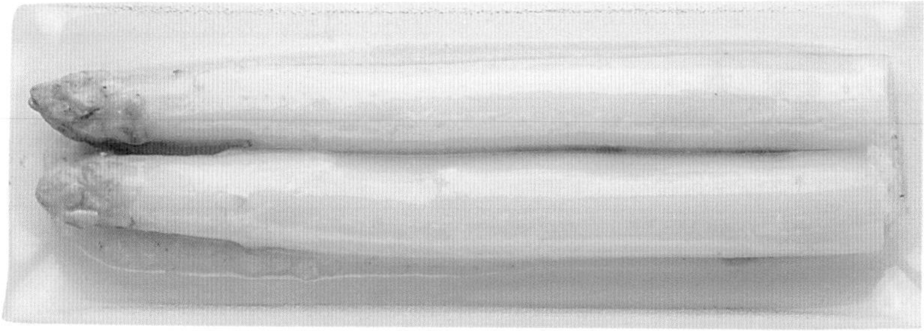

法國產
白蘆筍配蘆筍醬汁

春季到初夏期間不可欠缺的白蘆筍，每年都能激發出各式各樣的料理點子，今年則是以「清燙而成的新鮮口感」為主題。簡單地加以燙熟的白蘆筍，沾醬也一樣使用白蘆筍來調製。這是午間 6000 日幣以上的套餐、晚間套餐的前菜。

Chef

田代和久 主廚

1950 年生於福島縣。在東京都內的餐廳任職後，轉赴法國進修，經過三年修習後，在銀座出任主廚。之後於 1986 年時獨立創業。是日本的法國料理界中，長年屹立於廚房第一線的料理人，甚至連夢想都是「想試著在法國工作」。

Data.

La Branche

地址：東京都澀谷區澀谷 2-3-1 青山 PONY HEYM 2F
Tel：03-3499-0824
營業時間：12：00～14：00L.O.、18：00～21：00L.O.
公休：星期三、每月第二個星期二、第四個星期二
午餐：套餐 3600 日幣、6000 日幣、7800 日幣
晚餐：套餐 7000 日幣、1 萬日幣～

map

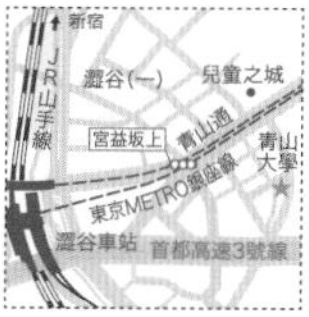

值得注目的「鎮店之寶」

田代主廚的興趣是繪手紙。仔細地鑑賞紙質，然後一氣呵成地畫好。使用大楷作畫表現出主廚的大器。裝飾在化妝室的野蘆筍畫作，洋溢活潑朝氣。

掛在玄關牆上的是開店十週年時，獲贈的法國製「赫倫」(Herend) 瓷盤。這品牌產的瓷器大多擁有華麗的色彩，採取藍描設計的款式相當少見。

盛放的鮮花經過 Metre 的岡部先生親手調整。La Branche 的魅力不僅在於料理，岡部先生特別大放送也是不可錯過的重點。據說平時連起司都會親自到店裡挑選。

壽司匠

訴說著歷史的一道菜色

menu

紅醋握壽司
白醋握壽司

下排襯著紅醋壽司飯的握壽司，左邊算起來是醃鮪魚、鮟鱇魚肝襯奈良泡菜、捲花蝦撒蝦鬆、小柱（中華馬珂蛤的貝柱）。上排的壽司種類從左邊算起來則是大間產的中鮪、軟翅花枝、秋刀魚段沾白蘿蔔泥魚腸醬、產自華盛頓州的醋泡牡蠣。將特定的食材刻意搭配紅醋飯，具有令人印象深刻的味道。咀嚼間散發出來的醋味和食材強烈的特性，展現出絕妙的平衡感。

近幾年來在銀座或西麻布地區，有不少30歲前後的年輕壽司師傅陸續開店。壽司雖是日本具代表性的飲食文化，但現今壽司店出現了極為劇烈的變化。從車站一帶會有的外送壽司、可以全家一起開心享用的迴轉壽司店，以及令人沉醉於壽司師傅高超手藝和頂級食材的高級壽司店，價格從昂貴到平價。未來日本的壽司還會有哪些變化？最常問起這個問題的人，就是四谷區「壽司匠」（Sushi Sho）的中澤圭二師傅。

中澤師傅在平成5年時，於四谷開創了壽司匠。修業時代轉任了20家店，不拜在特定的師父手下，改從各派別的店家學習手藝。因此，中澤師父看待壽司的胸襟不但寬廣，也很深遠。

中澤師傅為了做出讓客人感到樂在其中的壽司。因此在推薦套餐中，採用小菜和握壽司交替搭配的方式。

「先端出小菜來的話，很容易就填飽肚子，變得吃不下握壽司了。這種搭配方式，是為了要讓客人能充分享受握壽司而設計。」

第一次來店裡的客人最驚訝的是，莫過於以少量呈現，但多達40道左右的套餐。無庸置疑地傳達出務必讓客人滿足的心意。此外，細心體貼的服務也令人十分自在。讓許多人心中對壽司店不再感到拘束。

以前，中澤師傅曾經一邊說：「這是昭和時代的鰶魚壽司。」一邊端出酸得徹底的醋泡窩斑鰶。

「昭和時代的做法會讓魚確實地熟成。到現在還是有很多人喜歡這種味道。」

一樣是窩斑鰶，讓人能享受熟成度上微妙不同的「成人壽司」，特別使人感動。中澤師傅獨特的實驗性做法，也推廣到了壽司飯上。

「壽司飯是決定一家店特質的重要元素，一般來說，壽司飯都只有一種。但是，我覺得要是能隨壽司的種類來搭配不也不錯，因此才會準備了兩種不同的壽司飯。」

用來製作壽司飯的醋分為紅醋和白醋。紅醋由於風味獨特，因此適合搭配脂肪含量較豐富的壽司類型，白醋的味道清爽，所以適合白肉魚或味道細緻的壽司。配合壽司種類來更改壽司飯的做法，確實有其道理所在，但肯付諸實行的人卻很少。

壽司雖然被認為是一種接近完成形態的傳統食物，但事實上，還有許多加以改良的餘地。「不過，要是走得太極端就會失去樂趣。現在我反而是在想怎麼讓人能輕鬆去享受。」

然而，中澤師傅的探求慾望是無窮無盡的，現在，他致力於和漁夫間直接的合作。接下來又會誕生出什麼樣的壽司呢？求新求變的日本壽司，未來值得期待。

青海苔雙色海膽

左邊顏色較濃重是北海道的馬糞海膽，右邊是產自青森八戶的紫海膽。一樣是海膽，顏色差異卻這麼大，味道也不一樣。配上清晰地散發出海濱鹹香的青海苔一同享受。除此之外，也有推出九州海膽口味的握壽司。

壽司匠 （日本料理）

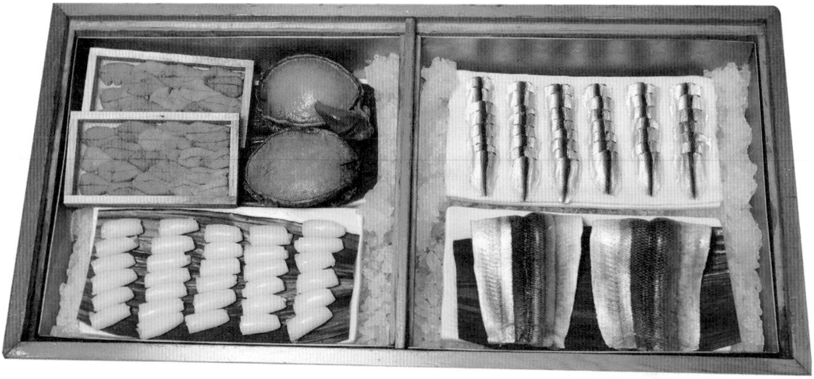

Chef

店主・中澤圭二師傅

1963 年生於東京都。15 歲時便入行修業，長達 10 年的時間，不只在壽司店，陸續轉往日式料理等近 20 家店修習後，在 1993 年獨立創業。不斷探究壽司的本質，時刻投入新穎的想法並努力求新求變。獨特的風格吸引了眾多支持者。

Data.

壽司匠

Sushi Sho

地址：東京都新宿區四谷 1-11
Tel：03-3351-6387
營業時間：18：00～22：30　星期一、三、五從 11：30 開始營業（午餐售完即止。需訂位）
公休：星期日、逢國定假日的星期一　午餐：僅供應散壽司（1500 日幣）20 套　晚餐：供 2 萬日幣餐飲。可刷卡

map

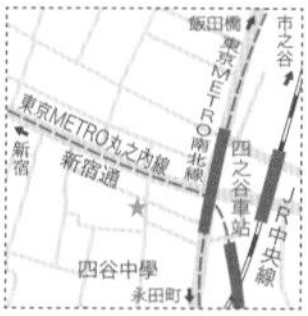

夏季主題套裝

右邊的盒裝中，裝上了夏季的名產─幼鰶。又軟又薄的魚皮和爽口的魚肉，其美味讓人忍不住臉頰都繃緊。下方的是幼沙丁魚，左邊則是鮑魚，以及九州產的海膽和幼花枝。這是只有夏季才供應的特別套餐。

值得注目的「鎮店之寶」

店面統一成清爽柔和的綠色裝潢。在中澤師傅剛開始修業時就認識的熟人，後來沒成為壽司師傅，反而成了專門經手壽司店的店面裝潢師。

入口處裝飾了一個石頭水盆，靜靜地佇立在四谷區的巷弄間。店內僅有 11 個吧台席位。每星期一、三、五的午餐還能以 1500 日幣享受散壽司。

招牌上寫的字是要向傳說中江戶前壽司的始祖─華屋與兵衛致敬而寫。此外，曾在此修業過的弟子們，也都會把「匠」字冠在自己的店名上。

Jeeten

訴說著歷史的一道菜色

menu

甜酒蠶豆炒蝦仁

鬆鬆粉粉的蠶豆、百合根，紅色、黃色的甜椒清脆多汁，蝦仁細嫩彈牙。口感充滿多重變化，但整道料理選用甜味的食材，經甜酒酒糟熱炒完成。這道外觀顏色鮮艷，初見料理一眼就能讓人感到春風滿面，供應期只有在盛產蠶豆的2～5月底。秋天開始，會用銀杏來代替蠶豆。1980日幣。

義大利料理或法國料理界中以蔬菜為主的菜色，近年來開始受到注目，而十幾年前，中華料理界中並沒有以蔬菜為招牌菜的主廚。因此，吉田勝彥主廚的蔬菜料理之所以引人注意，可說是其來有自。

「打開菜單，每家中華料理餐廳給人的感覺都一樣。不外乎冷盤、海鮮、肉，或是魚翅、鮑魚等特殊料理，最後才有少數蔬菜、豆腐、麵飯類。當初在開店時，我覺得一定得做出與別不同的菜色，左思右想後，把重點放在蔬菜上。」

生於日本岩手縣，自小就吃著媽媽親手種的蔬菜長大。「以蔬菜為中心的飲食，對我來說是理所當然，但對外食族來說，似乎都有蔬菜攝取不足的困擾。因此我開始嘗試製作蔬菜料理。」

此外，當時慣用味精等調味料的店家很多，吉田主廚卻獨排眾議，不使用人工味精，採取健康又安全的飲食，吉田主廚早一步就掌握飲食中最重要的兩大主題。

店內的常備菜單，共有50種左右的各類型菜色。這十年來幾乎沒有變動過，茄子冷盤（解熱）清蒸鮭魚（美膚）、乾炒隱元豆（消除疲勞）、蕃茄炒蛋（促進消化吸收）海蜇皮冷盤（降血壓）等等，每一道菜都細心地標示食物對於身體的益處。由於每道菜都非常受歡迎，導致菜單一直沒辦法減少。

依盛產季節做出兩種搭配的人氣料理，就是這道甜酒炒蝦仁，秋冬使用銀杏，春夏期間則使用空豆。特別加入的百合根，也是這盤強調食材本身甜味的一大特色。甜酒的酒糟，釋放出一股令人懷念的甘甜。

「這是照自己的感覺搭配出來的料理。我覺得還頗能表現出個人特色。」確實，這份甘甜和蔬菜融合後，具有其它料理所欠缺的味道。雖然會想起類似的菜色，但又想不到可與之比擬的美味。也許就是屬於吉田主廚的個人味道吧。

大約3年前起，吉田主廚開始講究從特定的供應商採購食材。產自埼玉縣東松山市加藤農園的蔬菜，由於味道強烈，能夠突顯料理的特色。此外，還受到義大利料理中的Bagna càuda（熱香蒜鯷魚沾醬）啟發，設計出讓人能一次嚐到三種鹽味的清蒸時蔬，成了最近的熱門菜色。不受中華料理所侷限，很有吉田主廚的風格。

一般人對中華料理抱持油膩的印象，吉田主廚的料理卻擁有令人意外的清爽口感，每天吃也吃不膩。即使是在中國，一般家庭中吃的料理，大多也都是媽媽們能快速調理的簡單菜色。料理的原點在於家庭飲食。「吉田流中華家庭料理」說不定才是道地的中華飲食呢。

清蒸時蔬

南瓜、芋頭、紅蘿蔔、蕪菁、水芋，連皮一併蒸熟而成的料理。各別沾上烏龍茶鹽、咖哩鹽、山椒鹽，激發出濃厚的自然甜味。時蔬的外皮才是味道最濃最好吃的部份。琦玉縣加藤農園產的時蔬。1260 日幣。

Jeeten （日本料理）

鹽炒青菜

正值盛產期的小松菜，也是加藤農園所生產的時蔬。「前一陣子用的是菠菜，不過這裡的小松菜，擁有驚人的好味道。光加鹽來炒就非常好吃了。」有時候也會加進西東京、埼玉獨產的野菠菜。1260 日幣。

Chef

吉田勝彥 主廚

1964 年生於岩手縣。在代官山的高級餐廳任主廚後，轉往代代木上原區。1999 年時獨立創業，獨立前曾在電視烹飪節目中以固定來賓身份，講解簡單好吃的食譜廣受歡迎。另著有多本食譜，吸引不少料理相關業界的支持。

Data.

Jeeten

地址：東京都澀谷區西原 3-2-3
Tel：03-3469-9333
營業時間：12：00 ～ 14：30L.O.、18：00 ～ 22：00L.O.（週末、假日及每月第二個星期三僅夜間營業）
公休：星期二
午餐：1260 日幣
晚餐：套餐 4200 日幣另可單點，不提供刷卡服務

map

值得注目的「鎮店之寶」

3 年前透過加藤先生介紹，吉田主廚開始造訪各類農園。只要能取得好吃的蔬菜不計較外形。有時也會到附近的自然有機食品商行，觀察蔬菜品質。

整甕的紹興酒，一合 800 日幣。吧台 9 席、雙人座 2 張、4 人座 1 張，許多人將料理做為下酒菜，悠閒地品酒聊天。圓滑的甕型容器也受女客人親睞。

由吉田主廚親手雕刻而成的招牌。「Jeeten」則是取自「吉田」的中文發音。這裡則是和主廚的個性一樣，散發著柔和平實的氣氛。

Le Mange-Tout

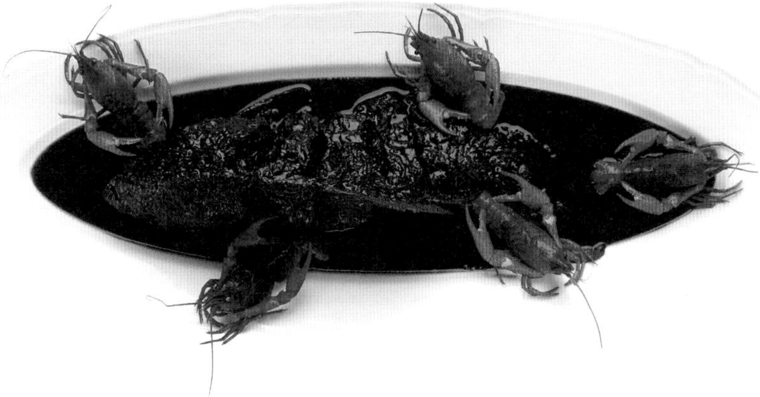

訴說著歷史的
一道菜色

menu

紅酒鮮鯉

法國的波爾多地區，慣用紅酒燉煮七鰓鰻，而在羅亞爾河谷地區，鮮美的溪魚料理聞名遐邇。受到啟發的谷主廚考量，若將日本的溪魚以紅酒煮透，能不能成為一道法國料理呢？燉煮前先將整條魚炸過，以去除魚腥，像這樣融入中華料理的調理技巧，正是谷主廚的風格所在。這是連店內的工作人員都已睽違6年不見的夢幻料理。

谷昇這位主廚真的很不可思議，對新事物的探究心可說無窮無盡。話雖如此，他卻幾乎從來不曾到別家店吃過東西，是一位極度超乎常理規範的廚師。

谷昇主廚曾兩度至法國進行修業。「第一次時完全無法融入當地的生活，討厭死法國了。」而第二次前去時，才終於在阿爾薩斯地區開竅。「那時才覺得法國實在不得了。被壓倒性的文化特質徹底震憾。」對谷主廚來說，那就是他起步的地方。

自1966年起，谷昇先生就已經升任店長兼主廚，當時的午間套餐訂價為1500日幣，晚餐為3800日幣。可說是一點也浪費不得，全部親身調製的料理。而這段期間的工作量非同小可，每天結束營業後，必須為第二天做準備，因此除了週末以外，晚上都直接留在店裡過夜。不過，谷主廚厲害的地方還不僅如此，而是他持續展現個人特質來挑戰新類型的料理。在挑戰的過程中，使套餐的品質逐漸提升，現在店內僅供應1萬2600日幣的套餐。2007年時，更高高掛上了米其林2星的榮耀。米其林這本導覽書的目標和標準，和筆者的理念完全不相容，還是感謝他們不帶偏見地評鑑谷主廚的能力。

提到谷主廚的料理，再也沒有這麼難以介紹的料理了。原因是這裡並不存在所謂的主廚特別料理。也因為如此，支持者們總是期待萬分，而主廚總是得在廚房裡傷透腦筋。

請谷主廚為筆者烹調紅酒鯉魚，大約是10年前的事。據說這道菜是受到波爾多地方的七鰓鰻料理或羅亞爾河谷地區的溪魚料理所啟發。先以油炸來去除鯉魚特有的魚腥，接下來再花上兩天以紅酒細細燉煮。谷主廚在法國料理中自然地融合中華料理的食材處理方式，這是將整尾魚直接放入油鍋中炸過的中國傳統手法。

另外，精心研究印度料理中的綜合香辛料，引進「El Bulli」獨創的ESPUMA泡狀調理法，最近甚至在研究能夠融入炭火的料理。「牽涉到醬汁類的料理，就全靠手工來展現技術了。這個細節必需隨時掌握。液態氮、低溫調理雖然能夠增加調製時的優勢，但如果不能親手去料理，就無法傳承法國料理的精髓，這就是我的工作。」食材宛如浮雕圖案般的簡潔食器中，也包含了這份心意。

有很多事情都還是第一次得知。「不要端出和上次一樣的料理，其實是夫人的意思。」以嚴謹的服務態度支持著谷主廚的楠本典子女士。因為她的堅持，讓谷主廚能夠一再地跨越不可能。能夠長年接招應對，谷主廚深不可測的實力太驚人了！

低溫烹調肉類醃泡醬
醃當季鮮鮭魚

在現今喜好將炭元素加入料理的風潮中，谷主廚的概念反其道而行，不是用炭，而是用墨來嘗試。一開始的靈感是想要調製出無味無臭的醬汁。運用茴香、芥菜、金蓮花的花朵，裝飾出十分出色的層次感。

Le Mange-Tout（法國料理）

Chef

谷昇 主廚

1952 年生於東京都，在六本木的法國餐廳踏上料理之路。24 歲至巴黎進修，37 歲再前往阿爾薩斯修習料理。回過後在 Aux Six Arbres 等店擔任主廚，1996 年開始創業，店長兼任主廚。2007 年獲得米其林東京版 2 星殊榮。

map

Data.

Le Mange Tout

地址：東京都新宿區納戶町 22
Tel：03-3268-5911
營業時間：18：00 ～ 21：00L.O.
公休：星期日
晚餐：僅供應主廚套餐 12600 日幣。單杯葡萄酒 1400 日幣。可刷卡

法國產
香煎鴿腿

鴿子是谷主廚相當拿手的食材。煎鴿腿佐兩種沾醬，一是用派皮和紅甜菜根煮成的沾醬，還有用 Boudin noir（豬血腸）調成的醬汁，是極具獨創性的組合。以前也曾推出用整隻乳鴿煮成的湯品以及烤鴿等，以夢幻料理的身份繼續受到人們的傳頌。

值得注目的「鎮店之寶」

2006 年店內進行改裝時，店內新加入了楠本夫人相當偏好的 Royal Copenhagen（皇家哥本哈根）擺飾品，在黑白色調裝潢的餐廳中點綴。

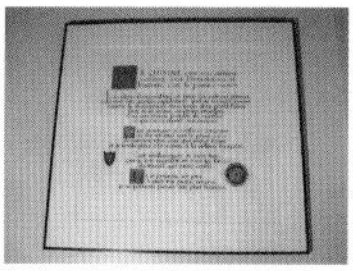

店裡的熟客將谷主廚 2003 年出版的著書前序，編成藝術體後裱框，做成贈送店家的禮物。畫面由美麗的文字和徽紋組合而成。

本為理髮店建築物，經過改裝後充滿現代風格。1 樓為廚房，2 樓則是共有 14 席位的餐廳。Le Mange-Tout 靜靜地佇立在住宅區一角，自牛込神樂坂車站過去約 7 分鐘。

LA BETTOLA da Ochiai

訴說著歷史的一道菜色

menu

海膽義大利麵

長達20年以上歷史的主廚拿手好菜。保留生海膽的鮮美，並針對義大利麵的特性來調配醬汁。剛開始使用蕃茄、鮮奶油來搭配海膽，加進鯷魚增添香味後，更完美地引出海膽的風味，好吃的程度也更上一層樓。這是不需多補差額就能呈現出十足美味的料理。不論午、晚餐，都能在PREFIX套餐中選用。

落合務主廚是在1997年9月獨立創業。由長達14年來在赤坂地區高級餐廳擔任料理長的主廚，所推出的晚間PREFIX套餐，竟然只要3800日幣，話題性自然不同凡響。在餐廳開幕前落合主廚曾擔心，是否真的有客人願意前來消費。然而他的擔心是多餘的，店家甫開幕便大受歡迎，前來採訪的媒體絡繹不絕。不到半年，就成了「訂不到位子的餐廳」，想訂位得提前一年。

「雖然自己不太懂經營的策略，不過隨便抬高價格、貿然增加分店是不行的。最要花心思的地方就是店裡。」一大早，落合主廚便先到電視台錄影，再到河邊散步，營業時間就待在店裡。晚上打烊，還要配合雜誌、書刊的採訪，假日則參加地方上的講座或各種活動。頻繁的互動，讓LA BETTOLA da Ochiai的人氣越來越火熱。

雖然在電視上也看得到，但落合主廚的料理，最大的魅力就在於讓人平易地貼近義大利料理。另外，落合主廚的料理也是在完全掌握義大利和日本的不同之處後，以現實為考量來設計。

店內最為人熟知的代表性料理，就是這道海膽義大利麵。這道菜原本是義大利所沒有的料理。「在義大利，海膽一般都是做成熟食。不過，日本人都偏好新鮮的生海膽，想著要保留生海膽的味道，才想出了這種做法。」把很多生海膽拌在義大利麵中品嚐，配上醬汁奶香十足。大海的鹹香和濃厚的味道，任誰都會沉迷其中。

「其實這道義大利麵的醬汁裡，並沒有海膽。靠蕃茄增色、以鮮奶油提味，而大海的鹹味是使用鹹鯷魚。簡單來說就是一種仿海膽醬汁啦。不過，麵上的材料用真正的海膽，十分豪華。」

日本人也覺得好吃的義大利料理。這是經過落合主廚精心鑽研才做得出來的料理。另一方面，連羅馬人都愛吃的義大利麵Amatriciana（辣味培根管麵）、或用雞的白肝做成的前菜慕斯，米蘭風的Côtelette（炸肉排）等，店內還有許多不可錯過的義大利經典菜色。常備菜單加上以當季盛產食材設計的特別菜色，前菜、義大利麵、主菜加起來超過30種。這家店的支柱，除了兼具穩定性和變化性的料理之外，就是充滿活力的氣氛（擔任經理的兒子—剛先生發揮了莫大的效果），以及令人放心享受的平實價格。正是如此直率地重現了BETTOLA＝食堂的概念，才令無數觀光客、知名演員，甚至是歷任官員們都趨之若鶩。

料理能讓人感到幸福。落合主廚的店中。如果想要實際體驗落合主廚的信念，請務必親身造訪。

焗烤茄子秋刀魚

用茄子和帕馬森乾酪做成的簡單焗烤，是義大利帕爾瑪地方的點心菜色。在原有配料中，加進秋刀魚來營造出更具層次的味道。「茄子和秋刀魚是日本秋天的原味。這是日本人要吃的義大利料理，所以特別這樣搭配起來」。甜甜的茄子和入口即化的口感，是絕配的組合。

LA BETTOLA da Ochiai（義大利料理）

蕃茄醬汁佐馬斯卡邦起司鮮奶油義大利麵

用蕃茄汁和新鮮蕃茄熬成的醬汁，加上帕馬森乾酪製作而成的義大利麵，再擠上一大球馬斯卡邦起司鮮奶油，讓人充分品嚐在熱呼呼的義大利麵上緩緩溶化的細膩香甜。平常看慣的蕃茄紅醬，也能有這樣與眾不同的變化。

Chef

落合務 主廚

生於東京都。於大飯店學習法國料理後，前往歐洲進修。回國後偶然發現義大利料理的美味，因而轉換方向前往各地修業 3 年後，在赤坂「GRANATA」任總料理長，奠定了口碑。1997 年時正式獨立創業。

值得注目的「鎮店之寶」

2005 年獲得義大利總理針對長年貢獻於推廣義大利文化發展的海外人士，所頒發的「Ordine della Stella della Solidarietà Italiana」榮耀。

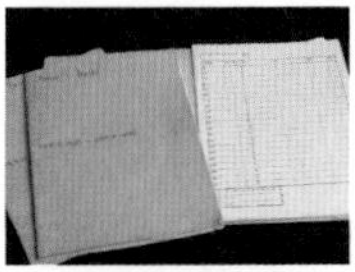

「LA BETTOLA」特製的預約單，用來登記接下來兩個月內的預約。因此，特別製作了印有兩個月行程內容的獨家規格筆記本。

大門是「LA BETTOLA」門面，由早期還未聲名大噪的橋本夕起夫所設計。雖說預算有限而委託給年輕設計師製作，橋本先生果然獨具慧眼。

Data.

LA BETTOLA da Ochiai

地址：東京都中央區銀座 1-21-2
Tel：03-3567-5656
營業時間：11：30～14：00L.O.、18：30～22：00L.O.（週末假日為 18：00～21：30）
公休：星期日、每月第一、三個星期一
午餐：1260 日幣（僅平日供應）、1890 日幣、2940 日幣 晚餐：套餐 3990 日幣

map

Wakiya一笑美茶樓

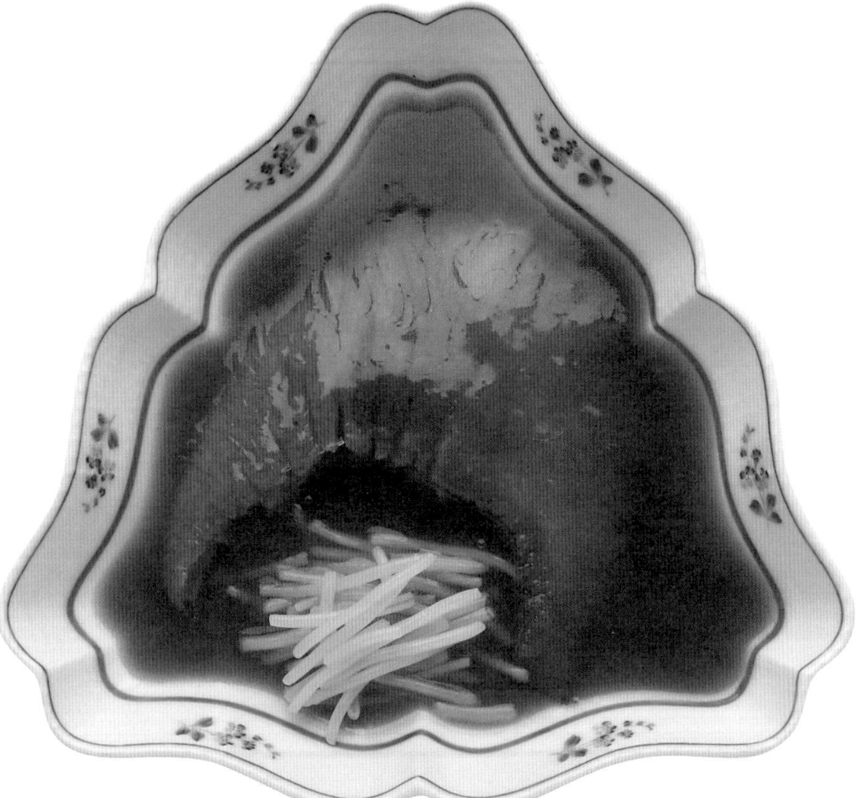

訴說著歷史的一道菜色

menu

上海風精燉
頂級魚翅

將產自氣仙沼的原翅，在店內回泡一星期。清洗處理時若不夠小心，避免將魚翅中珍貴的膠質洗掉，並要保持完整形狀。正因為需要花費細膩的手續，才能呈現出形狀優美，並富含膠質的魚翅。做法是用慢火精燉，讓頂級魚翅吸飽醬油的味道。配上土鍋炊飯一起品嚐，成為熟客們津津樂道的享受之一。

1萬5700日幣

年僅20多歲就當上大飯店的料理長，以具有現代感的中華料理一舉引爆話題的脇屋友詞主廚。絢麗的店面加上中國茶的搭配方式等等，經常走在時代的尖端。他的活躍範圍不僅限於日本，不但受到西班牙現代料理學會的招聘，2007年甚至也在紐約開店。日本的廚師在紐約開中華料理餐廳，聽起來簡直像夢話一樣，但最大的實現契機，就在於他認識了松久信幸。

2002年受到Nobu（「信」的日文發音）的邀請，參加了美國的慈善晚會。後來就以用料理來為社會做出貢獻，並且以料理人之間的交流開始，逐步放眼海外。」

後來自己也在主動參加慈善晚會之間，因為料理大受好評而實現了在紐約開店的里程碑。很可惜地，因為2008年金融海嘯的影響，不得不在遭遇更大的損失前抽身。「包括前置作業共花了兩年半，每個月往來紐約，實在是很大的衝擊。」

以上海料理為基礎，修習廣東、四川、北京等各地料理風格的脇屋主廚認為：「如果提到我起步的味道原點，我想還是上海。」

特別是中華料理中不可或缺的魚翅，據說也是以上海式的精燉最為美味。脇屋主廚總是直接購入原翅（將魚翅加以乾燥保存的製品），然後在店裡自行回泡處理。選用業界最高級的氣仙沼產魚翅，再細心將原翅洗淨，要泡回魚翅的原樣需時一個星期。現在大多數店家都是購買由專業工廠回泡洗淨的魚翅，自行處理原翅的店家，在東京都內屈指可數。

「以前還在當學徒時，最討厭這個又臭又麻煩的工作了，但要是能細心做好，就能完美地保留住膠質和魚翅的口感。」

事實上，不知道怎麼處理原翅的中華料理廚師也不少，但這家店裡的每位員工都能得心應手地進行這項工作。經過細心處理的魚翅，不但具有濃厚的原味，還能展現無法形容的彈牙口感，軟軟韌韌的口感很值得品味。此外，醬油口味和白飯很搭，因此用土鍋炊飯搭配上菜，這也是脇屋主廚才想得到的創意。

採取少量多種類，內容相當豐富的一人份前菜，或是以蔬菜為主角的菜色等等，色彩鮮明的料理正是脇屋主廚的拿手好戲。此外，餐具和用餐空間也下了很大的功夫，或是將傳統的中華料理改以容易食用、饒富趣味的方式呈現。脇屋主廚以「傳統與創作」為主題的料理，以傳統為基礎，加上自由無邊的新穎構想。這不正是不論到哪個國家、在哪個民族間都能通行無礙的國際化料理嗎？

九喜四季
時鮮前菜

酸、鹹、苦、甜、鮮，五味各見所長的前菜。以精美的少份量，讓人能夠品嚐多重美味。蜜汁叉燒、明蝦黑醋凍、涼拌海蜇頭等為常備菜色，另外則依四季盛產的美味食材設計。1575日幣。

百合根襯銀杏

脇屋主廚到北海道拜訪生產業者的時候，聽到「種百合根要花上整整 3 年時間」的辛苦談，為了把千辛萬苦孕育而成的食材完整用進料理中，才想出了這道菜。將銀杏研磨出黏性後調成醬汁襯底，這是秋天才有的時節菜色。1260 日幣。

Chef

脇屋友詞 主廚

1958 年生於北海道。27 歲便升任東京都內某大飯店總料理長。現在則為「Turandot 遊仙境」店長兼主廚、PAN PACIFIC HOTEL 橫濱中華料理部總料理長。2002 年起開始參加海外的慈善晚會，2007 年於紐約開立餐廳。

Data.

Wakiya一笑美茶樓

Wakiya Ichiemicharou

地址：東京都港區赤坂 6-11-10
Tel：03-5574-8861
營業時間：11：30～14：30L.O.、17：30～22：00L.O.（週末假日～21：00L.O.）
公休：無
午餐：套餐 3990 日幣～　晚餐：套餐 1 萬 500 日幣～　另可單點、可刷卡。

map

值得注目的「鎮店之寶」

很少人知道 3 樓是酒吧。脇屋主廚精心挑選的花梨木吧台十分美觀。除了餐廳之外，3 樓還能讓人享受葡萄酒搭配麵點、精緻小菜的特別風情。

這是在紐約的拍賣會上購得，出自 Zhu Wei 的毛澤東銅像。脇屋主廚對藝術也十分感興趣，在藝術家之間交遊廣泛。

9 年前開始營業的店面，高級日式料亭的和風建築。還經營了「Turandot 遊仙境」赤坂店和橫濱店及「Guest House Wakiya」。

BISTRO DE LA CITÉ

訴說著歷史的一道菜色

menu

法式
涼拌蔬菜沙拉

關根先生用勃根第葡萄酒精心製作的料理。「從14～15種不同的涼拌小菜中，依照自己喜好挑選出來搭配的沙拉。剛開始時，全部裝在一起上菜，之後再慢慢調整增加花樣，做成拼盤。」拼盤料理會因為主廚而慢慢地有所改變，果然這就是「BISTRO DE LA CITE」在日本營造出法國日常生活氣息的拿手料理，值得細細品味。1800日幣。

筆者對這家店有一些特別的回憶。距今大約30年前，第一次自己出錢吃法國料理，就是來這裡。在那個時代，只有在大飯店裡才有的法國餐廳，一般市區上非常少見。當然價格不斐，客層都是成人。紅色的座位配上新藝術風的海報與氣氛十足的照明，和我後來造訪的法國BISTRO餐廳可說如出一轍。更令人驚艷的是，這家店直到現在仍沒有太大變化。那是因為打從1973年開幕以來，店老闆關根先生仍繼續堅持同樣信念的緣故。

「當時雖然用了BISTRO（休閒系飲食店）的名字，但在價格和料理上卻是採取高級餐廳路線。直到第五代主廚時，才大刀闊斧地改革，成了接受客人單點，同時也讓人以平易近人的價格享受美食的店家。」

即使風格已經與以往不同，對法國料理的堅持卻依舊不變。因此，除了開拓出新的客層，可說是更加沿襲了過去的歷史。

在2009年5月，BISTRO DE LA CITÉ 第六代主廚—杉浦剛正式上任。他僅用了9年，就從郊區的一星餐廳，輾轉跳槽到3星餐廳的知名主廚Alain Ducasse手下工作，是如假包換的實力派料理人。而杉浦主廚最為憧憬不已的，是在Christian Constant麾下工作的期間。

「所謂的法國料理，就是法國人在日常生活中品嚐的料理。」這份信念在那段期間越發堅定。關根先生之所以提拔他，是看在杉浦主廚所擁有的廣泛知識和經歷上。

「一位優秀的主廚，必須要能夠準確地客人這邊提出的要求，還必須呈現出能讓我認可的味道。」前任主廚所訂的菜單內容，看起來似乎沒有太大的變動。Boudin noir（豬血腸）Sauerkraut（法式酸菜，阿爾薩斯風醋泡甘藍菜和燉爛的鹽醃豬肉）、Boeuf Bourguignon（紅酒燜牛肉）等經典菜色，現在仍列在店門口的菜單上。不過關根先生說：「會慢慢替換成自己所研發的料理。這是代表主廚的幹勁。還留有形式的菜色，大概就是這道法式涼拌蔬菜沙拉。內容也已經完全換成他的構想了。」

他透露出犀利的眼光說。一個主廚就是會不斷地去創造屬於自己的創新料理。不論是多細微的環節，也會精心表現出自己的特質。「現在對我來說，最有興趣的是有名號的料理。正因為是每個人都知道的經典料理，才會想要好好地傳承下去。」

在法式現代風格席捲世界的同時，反其道而行講究原有的法式經典風格。這份傳統，在東京已被完整地傳承下來。這樣的店家，值得法國人好好地品味。

香巴濃式（Champvallon）小羊肉

來自巴黎大區（Île-de-France）的料理。由路易 14 世的妃子的御用廚師發明，主要是將小羊的肩胛肉和洋蔥蒸熟，在表面再覆上馬鈴薯薄片。肥肉以手工仔細地剔除，引出小羊肉本身的鮮美味道，再用羊骨熬高湯。1 人份 3200 日幣。

BISTRO DE LA CITÉ（法國料理）

Chef

杉浦剛 主廚

1974 年生於大阪府。受到擅長料理的父親影響，自孩提時期就對料理抱有極大興趣。在東京都內的餐廳、飯店學習後，26 歲時赴法國深造。自巴斯克地區至波爾多、勃根第巡遊後至巴黎，經過 9 年後於 2009 年春天回到日本。

map

Data.

BISTRO DE LA CITÉ

地址：東京都港區西麻布 4-2-10
Tel：03-3406-5475
營業時間：12：00～14：00L.O.、18：00～22：00L.O.
公休：星期一、每月第二個星期二
午餐：1750 日幣～
晚餐：僅供單點，參考預算大約 8000 日幣。

本日鵝肝料理（包在布里歐麵包中）

用添加大量奶油的布里歐麵包覆，再送入烤箱中烘烤的鵝肝醬肉凍。「這是 Christian Constant 也有供應的料理，要做出夠細緻的麵包非常困難。」肝臟料理還有另外三種。2800 日幣。

值得注目的「鎮店之寶」

店老闆關根進先生現年 67 歲，和夫人葉子女士一同致力於推廣法國文化。精瘦的身材是拜每天慢跑至築地的運動習慣所賜。

玻璃窗的窗格營造出復古的氣息。當時的西麻布仍是非常寂靜的小街區，雖然時髦的店家錯落其間，但留存至今的只有這裡了。

位在客席一隅的書架上，陳列著法國米其林導覽，自開幕時的 1973 年版開始收集至今。關根先生為了尋求食材或葡萄酒，帶著書按圖索驥前往法國。

IL PENTITO

訴說著歷史的一道菜色

menu

PENTITO招牌披薩

鋪上滿滿的蕃茄、莫札瑞拉起司、馬斯卡邦起司、綠胡椒、生火腿的招牌披薩。薄薄的餅皮上滿載美味的食材。用刀叉切開後，捲成捲餅狀送入口中，是最美味具道地的吃法。在大約15種口味的披薩中，有羅馬地方的傳統口味，也有不使用蕃茄醬汁的口味。2000日幣。

源自義大利的披薩，經由美國傳入日本，在這短短的15年滲透至日本大眾階層。市面上專售邊緣隆起，餅皮膨鬆的拿坡里披薩的店家相當多。而供應薄餅皮羅馬披薩的店家，自1998年「IL PENTITO」開幕以來，卻不見增加。這是為什麼呢？店主兼任主廚的生田悟志先生說：「會不會是因為放入柴窯中燒烤的步驟太困難了呢？」他一邊抬頭看著位在店面中央，彷彿大型機關道具般的石窯。

第一次看到這個石窯時相當驚訝。之前曾經偶然經過這裡，似乎正在施工中，而且還是幾位義大利工人！好奇地問了他們正在做什麼，原來是在製作重達8噸的巨大石窯。從羅馬的老字號Pancotti公司聘請工人來到日本建造，據說在當時花了400萬日幣的鉅額。而且，要使用這個石窯還必須具備足夠的技術。要是認為披薩做起來簡單又快，可就大錯特錯了。想要製作出真正道地的披薩，必須先投入相當的精力與覺悟。

生田主廚原本從事服飾相關的工作，也因此頻繁地往來義大利。在那裡接觸到羅馬披薩，於35歲時毅然決然地轉職。在羅馬修業一年半後，才終於創立了這家店。

「因為餅皮很薄，所以不抓準烤熟的時機絕對不行。而且相對於85g的餅皮來說，上面的配料光是蕃茄醬就有30g、起司140g。餅皮太薄也會很難移動到盤子上。」正是因為需要莫大的集中力，端到桌面上的披薩，才能保持熱騰騰的配料、烤得香香脆脆的餅皮，展現出誘人的香氣。

「如果怕烤焦而撒太多防沾黏的小麥粉，餅皮味道會被影響。就是因為薄，任何步驟都得小心翼翼。」沒錯，披薩可不能等閒視之。

對食材上的講究，也一樣馬虎不得。小麥粉使用產自義大利的舶來品，蕃茄也用拿坡里的聖馬札諾小蕃茄、莫札瑞拉起司則選用日本產的高級品。「莫札瑞拉起司最重要的就是新鮮度，從義大利空運到日本卻需要5天，但從北海道運來隔天就到，味道絕對比舶來品更棒。」所有的堅持都和開幕當時一樣沒變。

店面裝潢也彷如羅馬市街小巷中的店家，柔和的照明、牆上張貼的海報、店裡播放的音樂，甚至連椅子、桌子全都是自國外運來的進口貨。「連擦玻璃用的清潔劑都是義大利製品。這樣才能忠實重現義大利的風味。」充分貫徹了他的原則。從羅馬到日本的年輕人，會在此嗅到家鄉的氣息，也是理所當然的事。

相信在未來的10年後，這裡依然會是他人難以望其項背的獨一店家。

Checchino

在羅馬以內臟料理而聞名的「Checchino Dal・1887」，店內所供應的知名料理。使用牛腱和西洋芹、紅蘿蔔、紅隱元豆一起燉爛。使用飛驒牛A5的牛腱，美味的程度非同凡響，推薦搭配紅酒享用。1480日幣。

IL PENTITO（義大利料理）

義式肉腸、米蘭式鹽醃臘腸
帕瑪森乾酪的有機葉菜沙拉

前菜沙拉的份量足夠 2～3 人一同享用，是每桌客人都必點的招牌料理。雖說使用義式肉腸（Mortadella）和米蘭式鹽醃臘腸（Milano Salami），但也是精選出不會重鹹的高品質食材，水準已經超乎一般餐廳的等級。1890 日幣。

Chef

生田悟志 主廚

1961 年生於兵庫縣。經歷服飾公司的工作後，毫無背景地隻身前往羅馬學習製作披薩。修業一年半後回日本，於 1998 年開店。受到義大利當地的美食情報導覽報導，店內有許多熟客中都是義大利籍的主廚，品嚐美食便來店取經。

Data.

IL PENTITO

地址：東京都澀谷區代代木 3-1-3
Tel：03-3320-5699
營業時間：19：00～22：00L.O.
公休：星期日、國定假日
預算：約 4000 日幣，不提供刷卡服務、需預約

map

值得注目的「鎮店之寶」

由羅馬當地已傳承五代的 Pancotti 公司所建造的石窯。「剛開始用時，連續不斷地燒了一整個月的柴，才能掌握熟練的技巧。」

入口處的天花板裝飾了羅馬風的拱型板。由於頗介意接縫的痕跡，因此用義大利的報紙反覆貼上幾層來掩飾，沒想到反而營造出異國氣氛。

最近開始大肆收藏的海報。這是羅馬地區知名歌手的宣傳品。左手寫著出口的字樣，原來這是從羅馬某家旅館裡取得的物品。

赤坂璃宮

訴說著歷史的一道菜色

menu

燒烤前菜拼盤

從左依序是烤到酥脆帶皮豬五花、獨門手工窯烤乳豬、烤鴨、雞肝。將燒烤的美味全部一網打盡。帶皮豬五花的豬皮嚼起來香酥有味，肉質豐潤多汁。烤乳豬、烤鴨特有的味道也完整的封在肉裡，雞肝口感綿密濃厚。這道組合式菜色是與套餐共同享用的基本料理。

生於橫濱中華街的譚彥彬主廚，曾在東京、仙台等地的名店修業，擔任大飯店的料理長。在推展廣東料理的同時，於「HOTEL EDMONT 廣州」工作的時期，正好成了絕佳的轉機。

「日式料理和法國料理主廚們教我，如何去使用新鮮的食材。」

過去物流仍不發達的時代，只能運用現有食材來烹調，也可說是料理人大顯身手的舞台。反過來說，現代的料理從選擇食材開始的考量方式，使日式料理和法國料理的範疇大幅拓展開來。

「大家看待食材的角度改變了。就連我自己也會到產地去找出理想的食材。」

剛獨立時，譚主廚非常講究食材。使用日本的蔬菜、魚，用以表現出只有日本才吃得到的中華料理，譚主廚的料理也因此經常成為電視節目或雜誌的話題中心。同時，譚主廚視為基本中的基本的手藝，正是燒烤。

「廣東料理的基本，畢竟還是燒烤料理。不論如何都一定要做出夠道地的味道。」關於這一點，特別從香港請來燒烤名家—梁師傅。小火慢烤，等肉全熟後再用強火燒烤出香味，是常見的手法，但是梁師傅是從一開始就大火猛攻。烤出來表皮酥脆可口，裡面的肉質柔軟多汁。

「燒烤並不可怕，重點就在於時機的掌握。」這份美味，也已成了「赤坂璃宮」的知名菜式。

至今仍每個月奔波於香港、中國等地的譚主廚，經常受到當地料理人的請託，教導他們許多在日本製作料理的方法。

「長年以來，大家很理所當然地使用味精類的調味料，但最近，捨味精不用的店家多了很多。我認為這是因為許多人聽說日本人不喜歡味精等資訊的關係。」日本傳來的影響，形成了改進中華料理的契機，這豈不是極度令人與有榮焉的事嗎？

當然，赤坂璃宮也率先地引進了中國當地最新的流行飲食。餐廳中用的鹹鴨蛋，更是從福建省當地出產的道地食材。使用鹹鴨蛋來烹調的料理非常受歡迎，現在正席捲整個中國大陸，譚主廚也很喜歡用了蝦醬的料理。

「即使是在中國，人們也越來越重視便利性，很多耗工費時的老味道漸漸失去蹤影，非常可惜。但也有許多人知道一些古早時候流傳至今的料理。但是，學問畢竟還是很深奧，不管探索多少次，總會有新發現。」筆者在不久前才去過北京探訪美食，古老的料理也好，新發明的料理也好，譚主廚的拿手好菜還會不斷增加下去。能夠在咫尺之遙的東京享受到這些上等的美味，是多麼奢侈的事啊。

鹹蛋黃醬炒蝦仁

把鹹鴨蛋搗碎後做成調味醬。鹹蛋本來是福建省的名產，後來廣泛運用於炒青菜等東北料理中，由於流通性變得很廣，成了受到全中國大陸各地歡迎的食材。濃重的鹽味之中，帶有圓潤順口的濃厚感。5250 日幣。

Akasakarikyu （中華料理）

活蟹清燉鳶魟魚翅

譚主廚在山東青島偶遇的特殊食材。每隻鳶魟能取得的魚翅很少，特點在於纖維較一般魚翅粗大。這是向業者下單，要求包下業者所有產量的特別食材。無論是調味的方式及魚翅本身的美味，都令人萬分喜愛。
1 萬 5750 日幣

Chef

譚彥彬 主廚

1943 年生於橫濱，16 歲時進入新橋地區的「中國飯店」工作。後於仙台、東京等地的飯店擔任副料理長，任「HOTEL EDMONT」料理長，1996 年創立「赤坂璃宮」兼任店主與主廚。中華料理結合傳統及創新，確立出獨特的廣東料理餐廳路線。

Data.

赤坂璃宮 赤坂總店
Akasakarikyu

地址：東京都港區赤坂 5-3-1 赤坂 BIZ TOWER 2 樓
Tel：03-5570-9323
營業時間：11：30～15：00L.O.（週末假日～16：00 L.O.）、17：30～22：00L.O.（週日、假日～21：00L.O.）
公休：無
午餐：3150 日幣～
晚餐：8400 日幣～

map

值得注目的「鎮店之寶」

2008 年 3 月開幕的赤坂總店裡，以裝飾了許多茶具為特徵。其中很多都是譚主廚從香港、上海等地蒐集而來的珍貴稀有品。

放置在一樓桌上的彩繪盤皿，是向井上萬二師傅訂製的款式。白磁的盤面上，描著綠色的「赤坂璃宮」字樣。樣式簡單，出眾的品味顯得獨樹一格。

日本重要無形文化財產的作家—井上萬二師傅。光是包廂中就裝飾了數個井上師傅的作品，最拿手的白磁盤皿，襯在桌上更為搶眼。

KM

新說著歷史的一道菜色

menu

羅西尼風菲力牛

由19世紀義大利作曲家Rossini（羅西尼）所設計的菜色，他同時是知名的美食家。要符合羅西尼風的菜色，一定要加上鵝肝和松露。從圖中看不出來，但最底下墊著用奶油炸過的麵包。吸飽了融入所有食材味道和香氣而成的醬汁後，留待最後一口的奢侈享受。套餐外加4000日幣。

KM（法國料理）

大約20年前吧，筆者第一次探訪惠比壽的「KM」時，當天的料理當然很好吃，但說實話，關於宮代潔主廚的料理有多了不起，我並沒有留下什麼深刻的印象，只記得當天非常緊張。在那之後，有次我前去做黑胡椒鹿肉的採訪，外觀看起來就只是簡單的肉塊和深茶色的醬汁而已。但在咬下一口後的一瞬間，美味得驚為天人！那股好吃的味道，不只留存在舌頭上，而是慢慢地擴散到整個身體裡。這道菜裡，我嚐到了幾乎讓身體顫抖起來的味道。春天時有白蘆筍佐柳橙慕斯林派，柳橙豐美的香氣，派皮的潤澤香味和鬆鬆的口感，讓人吃得睜大了眼。

宮代主廚早在1987年就在惠比壽開店。那個時代的東京法國料理業界，正是前往法國修業的主廚們紛紛回國，開始創業的時期。他們不投身飯店等的大型體系，每個人都抱深刻信念，想要以個人實力傳達出法國料理的技術和精髓。筆者深信，造訪這些餐廳的顧客也大都擁有相當高的美學素養。而「KM」就是公認為和這樣的顧客們一同發展、成熟的餐廳。

2009年底店面遷移至銀座，迎向新的天地。店內以吧台為中心，彷彿是由主廚來和顧客輪番對決般的餐廳。

「雖然大家嘴上都說這種座位讓人很緊張，但被客人近距離盯著看，我們才真的緊張呢。」到了現在，筆者坐在有如哲學家般的宮代主廚面前，還是會感到緊張。但是，稍稍看向他的手，目光立刻就會集中在他優雅的手部動作上，直到料理完成，令人覺得就像是在欣賞一部無比奢侈的電影一般。

主廚最花心思的料理，就是這道羅西尼風牛菲力。牛肉排、清煎鵝肝、黑松露和醬汁。以最高級的食材組合出經典的料理。「這種搭配怎麼做都會好吃嘛。只是，沒有將每種食材都調理到最完美的狀態，並抓準時機擺盤完畢，就算不上是道完美的料理了。這需要非常細緻的工夫。」由宮代主廚一個人、並且直接在客人眼前烹調出來的醍醐味，可說是如假包換的「頂級晚餐」。

遷至新店面後，菜單內容改為僅供應主廚推薦套餐，預約時也改成僅能選擇主菜的形式。

「不希望常客總是點吃慣的菜色，至少前菜等部份，希望能由我們來準備新的料理，供客人品嚐。」「KM」現今明明已經有許多道招牌料理了，但還是不斷創新。堅守古典的傳統法式風格為骨架，一面順應時代將料理鍛鍊得更加優美，這份圓滑的味道，讓人想對它獻上至高無上的敬意。

天鵝絨白醬菊苣

菊苣煮成的濃湯，乘放著生帆立貝、海膽做成的冷盤前菜。重點在於還另外用了油封晚崙夏橙和檸檬皮來提味。非得要使用香味豐美的晚崙夏橙不可，這是主廚個人的堅持。

KM（法國料理）

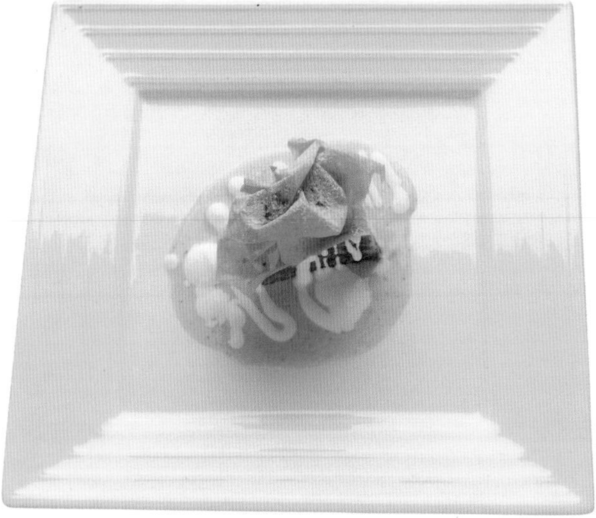

Confit蘋果蛋糕

這道甜點裡用的蘋果品種是味道的關鍵，只有富士蘋果在經過長時間的蒸烤後，也不會變得軟糊糊，依然保留完整的形狀，才能將味道凝聚起來。用奶油和砂糖細心熬煮，一顆蘋果只夠做一個切片蛋糕。外觀看似平實，但嚐過之後，將會對它獨特的味道感到驚訝不已。

Chef

宮代潔 主廚

1951 年生於神奈川縣。1977 年遠渡法國。在法國花了 5 年巡遊 12 家 3 星、2 星餐廳進行修業。不僅主攻料理，也曾擔任點心部主廚。1987 年時在惠比壽獨立創業，2003 年遷至代官山，2009 年 12 月時搬遷至銀座。

Data.

KM

地址：東京都中央區銀座 8-8-19
伊勢由大廈 6 樓
Tel：03-6252-4211
營業時間：12：00 ～ 13：30L.O.、17：30 ～ 20：30L.O.
公休：星期一
預算：午、晚間均為 8800 日幣～
可刷卡、需提前一日預約

map

值得注目的「鎮店之寶」

桌上擺設著華麗的法國里摩日彩繪盤皿。不是挑現代風的圖案，而是更強調出經典風格的法式繁複花樣。這是自代官山時代就珍藏至今的餐具。

主廚在巴黎古董店，找到古代客船上使用的菜單。美輪美奐又帶著幾分幽默感的插畫，深深吸引了主廚的心。宮代主廚自小就對繪畫很拿手。

這也是在巴黎的古董店購得，雕塑了斯芬克斯神像的檯燈。由於是以一對為單位，價格非常驚人。新店面中，處處都裝飾了各種主廚所喜愛的藝術品。

第二章 美味的設計

~觀賞或品嚐都同樣美味的料理~

美味的東西自然美麗。
美麗的東西也一樣美味。
當食材保留著原始的形態，光是那股生命力就很美。
然而，經過主廚的雙手，轉換成新的料理面貌，
其美麗又將更上一層樓。
在接下來的單元裡，將以料理的設計性為著眼點，徹底剖析一盤料理。
包括主廚別具匠心的巧思、手藝，
一同帶領各位前去瞭解從未深思過的層面。
很可惜，本章節所介紹的料理，現在很多都已經不存在了。
但這些珍貴的內容，正是描繪了主廚們心路歷程的珍貴紀錄。

※致各位讀者
本章所收錄的專欄，轉載自日本《Real Design》（2006年8月號～2008年9月號）的連載單元，加以校潤與修改而成。料理菜色為當時採訪所獲得的資訊，現今的供應菜色或許有所改變，細情請洽詢各店家。

Les Creations de NARISAWA

Les Creations de NARISAWA
羅亞爾河谷野兔肉佐初夏時蔬

乍看下像是漫不經心地隨手將蔬菜堆疊起來，成澤由浩主廚到底想表達何種概念呢？

法國料理是一種需要縝密技巧來裝飾的料理。改變食材的形狀，達到裝飾效果。這和法國當地的建築物有異曲同工之妙。基本上都是採取左右對稱的視覺效果來呈現。倒是近20年來，擺盤的手法逐漸走向現代風設計。以簡單的手法來為簡單的食材做擺盤設計，已是現今的主流方式。不過，成澤主廚對哪種都沒有興趣。

「我的料理，是以當季的食材和自然為主題。因為有這樣的食材，才會呈現出獨樹一格的料理。這盤料理，是在表現剛進口到日本的羅亞爾野兔（Rex du Poitou）當初生活的野原景色。」

雖然平日永遠站在廚房的第一線，忙於烹調各式美味，但休假時就會到信州、千葉等全日本各地的農田尋訪。成澤主廚尋找各種食材時，一向以香氣、味道為最優先考量。

「因為美味的東西必然擁有其外觀的自然美。顏色、質感也能表現出料理好吃的味道。」

成澤主廚將取得的食材，依照主題來調理，像是火候的調整、熬煮醬汁等都不馬虎。使用最新而細膩的技巧，來讓每一種食材都絕對能展現出美味的成果。

現在，不妨再重新回顧這道料理。在夏季形形色色的蔬菜中，野兔們正頑皮地嬉戲著呢。

「讓人感受到太陽熱力的一盤料理」，主廚心中所描繪的景象，早就已經用鮮艷的顏色完整表現出來了。

剖析美味的設計！

[羅亞爾河谷野兔肉佐初夏時蔬]

晚間2萬6250日幣套餐中的一道，單點9450日幣

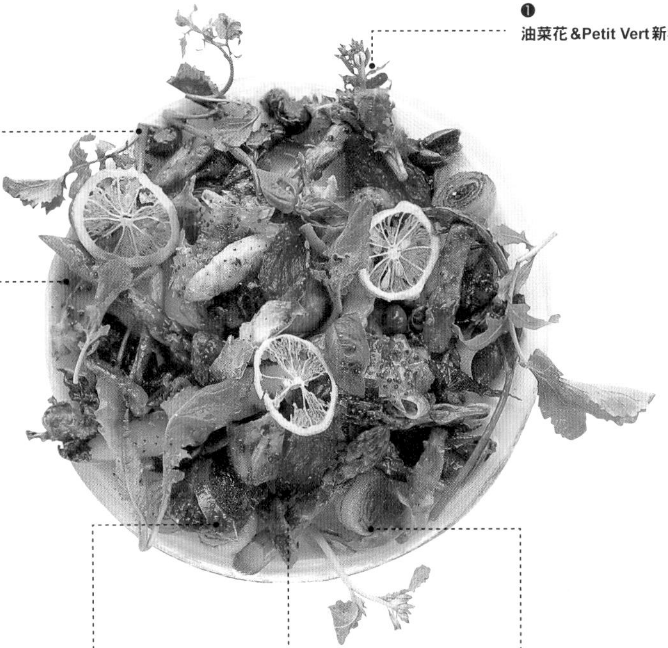

表現香氣和味道的關鍵	調味料
芥末 / 乾燥檸檬片 擺盤的設計上呈現出太陽概念，其重要角色就是無農藥栽培的檸檬。犀利新鮮的香氣和酸味，封在用糖煮過的檸檬中，切片、乾燥後使用。美味的食材不直接使用，而是不厭其煩地透過細膩的處理過程，讓味道更具深度。	橄欖油 / 鹽 / 芥末 雖然沒有視覺效果，但在味道上的決定性關鍵，就是最基本的鹽和橄欖油、香辛料。成澤主廚一貫愛用的是英國馬爾頓產的天然海鹽，結晶薄片的口感非常有意思。橄欖油則用產自義大利熱內亞的商品。

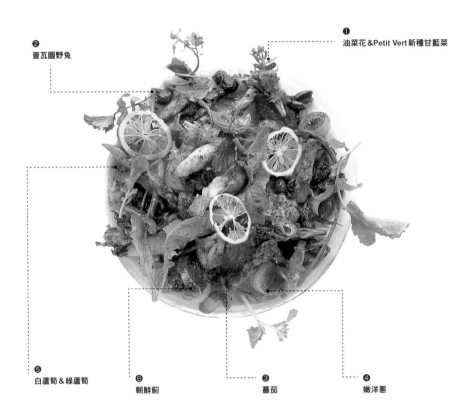

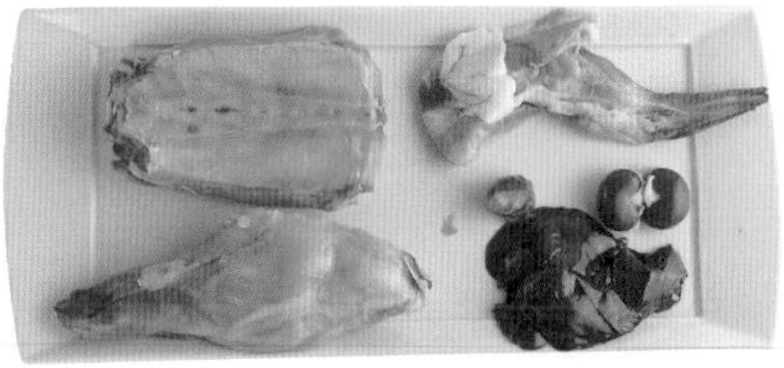

❷

普瓦圖野兔

兔子是飼養在法國西部靠近羅亞爾河一帶的普瓦圖－夏朗德區。在盡可能自然的放養環境中，吃穀物和植物長大的兔子，以口感柔軟細緻的肉質為特徵。這是法國3星主廚們指定的品牌。在日本則於2010年春天才剛開始進口。

❶

油菜花&Petit Vert新種甘藍菜

由成澤主廚所信賴的愛知縣農園，所生產的無農藥蔬菜。明亮鮮艷的綠色，同時兼具了美麗的外觀和濃厚的味道。主廚自己也不時下田觀察，把蔬菜深植腦海中，讓料理的想像力無限延伸。有時甚至連菜梗、菜根、花都會用在料理中。

❹

嫩洋蔥

愛知產。小小的嫩洋蔥過火之後，味道甜而質地入口即化。為了呈現出蔬菜各自的好味道，全都採取不同的處理方式。

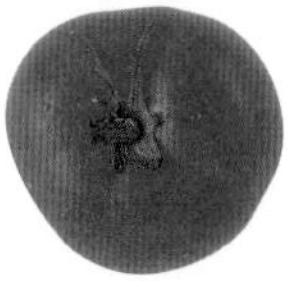

❸

蕃茄

愛知產的蕃茄。光是淋上橄欖油，就可以有油封般凝聚住的甜味。能夠在色澤、甜度、酸味各方面營造出濃淡層次。

❺

白蘆筍&綠蘆筍

要說到夏季蔬菜之王，指的就是綠蘆筍了。這項食材從義大利、日本各地收購而來，不惜成本堅持使用既粗又甜的頂級蘆筍。

❻

朝鮮薊

法國產。日本同樣稱為朝鮮薊，汆燙過後會呈現出綿密細膩的口感。淡淡苦味，在味道上增添了幾分複雜的深度。

Restaurant information

地址：東京都港區南青山2-6-15
Tel：03-5785-0799
營業時間：12：00～13：30L.O.、18：30～21：00L.O.
公休：星期日、一（另不定期）
午餐：4725日幣～
晚餐：15750日幣～

成澤由浩 主廚

尋求理想食材，努力於用料理的型態來描繪出四季更迭與大自然的恩典，並希望透過料理來宣達自然環境再生與循環的概念。曾獲英國Best Restaurant 50連續兩年Best Of Asia大獎。

Nihonryori Ryugin

日本料理　龍吟的「德島吉野川產炭烤野生鰻魚配白米炊飯」

用炭火完美地燒烤野生鰻魚，設計十分大膽的一道料理。但是，請睜大眼睛仔細看看。鰻魚底下有燒出灰來的木炭，炭條左邊還冒了點白泡泡……。為什麼要放炭條？為什麼會有泡泡？這是龍吟的山本征治師傅所呈現的嶄新日本料理。

原來炭條是可以食用的炭。「把紫芋包上一層炭粉，做得很像是真的炭條（詳細於次頁說明）」。用完全不同的質料來模擬出特定的外觀。這是中華料理中，自古代流傳下來的模擬手法。此外，在現代的西班牙料理中，也有使用最尖端技術，在料理中表現出擬魚子醬或擬蛋黃的例子。這道料理便是運用了類似的手法。

「我思考一道料理時，都是先在腦子裡想像它的外觀。當時腦海中浮現了用炭火在烤鰻魚的情景。因此也稍微思考如何用炭與料理做搭配。再進一步地，有什麼東西和鰻魚很搭呢，就是白飯了。那就把白飯也加進去吧。再三推演後，最後呈現出來的就是這道菜。」

話說回來，令人好奇的白泡泡又是怎麼回事呢。這是將山胡椒樹香味的萃取物打成泡泡而成的效果（一樣於次頁說明）。更令人驚訝的是它還會像真正的泡泡一樣破掉。只有泡泡這麼不可思議的技法，才能帶給人如此大的衝擊感。

技巧打造出來的寫實主義，不拘泥於外型，是重視感覺的印象主義。一道綜合了兩者特色的料理，未來又將會如何被傳承下去呢？在美味之餘，日本料理又變得更加洗練，山本師傅的進化實驗，又寫下了新的一頁。

剖析美味的設計！

[德島吉野川產炭烤　野生鰻魚配白米炊飯]

4人份　2萬日幣

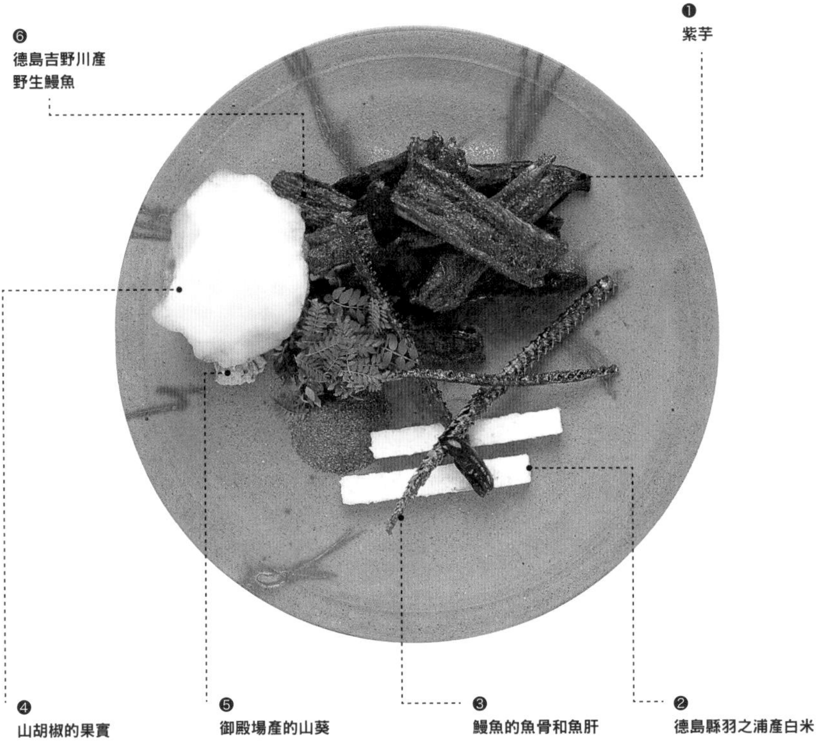

以假亂真的炭條！

紫芋備長炭

和三盆砂糖

用模擬成炭條的紫芋，來為料理做最後的點綴。擺盤前經過稍微的燻烤過程，撒上和三盆砂糖。料理的外觀看起來就像是有層炭灰似的。此外，在品嚐的時候，口中逸開的煙燻香氣，讓人對炭烤的印象一口氣復甦過來。

營造風味的重點

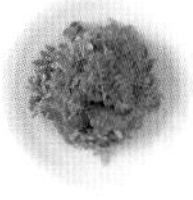

山胡椒的樹芽

山椒粉

鰻魚和山椒刺刺辣辣的風味最相搭了。另外，用來做泡沫的不只是胡椒樹，還有果實挑掉種子後磨成的山椒粉、山胡椒樹的新樹芽，等於用了三重的山胡椒，在口感、香氣、味道上都表現出濃淡有致的層次。

❸
鰻魚的魚骨和魚肝

魚骨在炸過之後，直接放到火上烤，完全去除魚腥後，只留下香香酥酥的輕脆口感。魚肝用大火煎熟表面後，內部仍保持鮮美。

❹
山胡椒的果實

具有強烈香氣的山胡椒，用高湯炊過之後，再經過真空蒸餾器加工。這是一種能夠把香味氣化的裝置，能夠把新鮮的香氣轉化成透明的液體。接著在萃取液中加入卵磷脂之類的乳化劑，最後打入空氣讓液體膨脹起來，就變出料理中所看到的泡沫。

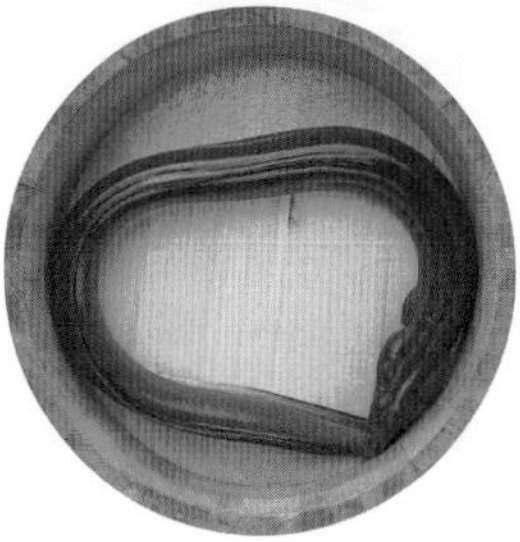

❷
德島縣羽之浦產白米

由山本師傅的夫人娘家送來的白米。剛炊熟的白米，壓成長條四方型擺在盤面上的想法非常具獨特性。

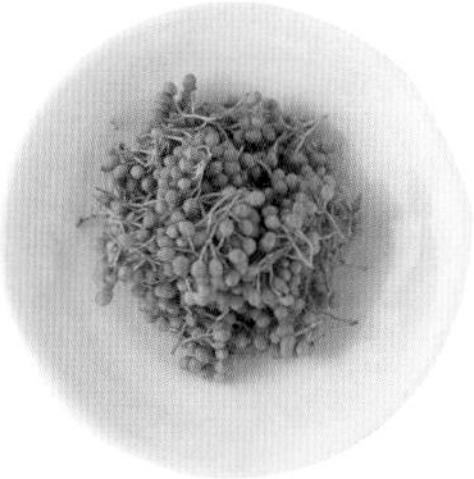

❻
德島吉野川產野生鰻魚

現在，天然的野生鰻魚已經越來越罕見了。這種夢幻食材，是從山本師傅的故鄉德島縣的吉野川，捕獲後的鰻魚直接送至店裡。再依照關西的正統做法用炭火直接加以燒烤（關東地區會先蒸熟後再烤）。天然野生才有的鮮美，正在於明明有脂肪層，脂肪的味道卻清淡鮮甜。

❶
紫芋

沖繩產的紫芋。事實上，料理中黑色炭條的真面目，就是這種紫芋。用高湯煮熟後放置一個晚上，讓它充分入味。隔天再用手剝開，由於本身的植物纖維就很粗糙，正好能夠完美地模擬出木炭的裂紋。接著再用烏賊的墨汁燙過，染上黑色，然後進烤箱低溫烘乾。吃的時候會有微微的甘甜，更明顯的是高湯的濃厚鮮味。

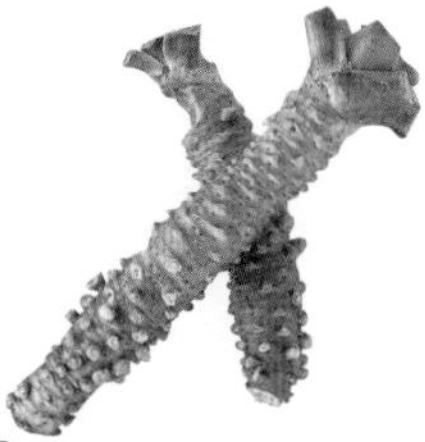

❺
御殿場產的山葵

新鮮的山葵，果然就是在剛磨好的時候最香。品質優良的山葵，整支都能讓人感受到特有的甜味。

Restaurant information

地址：東京都港區六本木7-17-24 1樓
Tel：03-3423-8006
營業時間：18：00～25：00（22：30L.O.）
公休：星期日．國定假日
套餐（共12道）23100日幣（21：00後接受單點）

店主 山本征治

於2003年末獨立創業。2004年受到西班牙的料理學會招聘，前往推廣日本料理的技術。同時間融入當地最先進的技術，用以表現出獨特的料理風格。2006年4月經手策劃位於巴塞隆納的日本料理店。

Cuisine[s] Michel Troisgros

Cuisine[s] Michel Troisgros
「細鴨肝佐柚子風味　濃湯煨鴨肉」

雖然開門見山地標明是一道肝臟料理，端到客人面前的菜色，卻大出人意料之外，完全看不出哪裡像是肝臟。因為，說到肝臟料理，腦海中第一個浮現的就是Poêlé（切成厚塊，兩面快火煎過）的香煎鵝肝，或Terrine（塑成長條型再切片）鵝肝肉凍的形象。事實上，這道菜式中的肝臟，和鮮奶油、雞蛋打散融合在一起，調理成茶碗蒸般襯在底下。

「肝臟一向給人高脂肪的印象，針對這個特點，去考量味道足以抗衡的配料、口感上的變化性、新鮮特別的香氣等等，最後就創造出這道料理。」在法國3星餐廳「Troisgros」海外唯一的分店中，身兼行政主廚與店經理雙重重任的Lionel Beccat，如上地解說了Troisgros主廚的構想。

將鴨肝調理成茶碗蒸般柔細的口感，再用鴨肉濃湯來增添足夠與之抗衡的濃重味道，強調出烤栗子的嚼勁、竹筍獨特的口感、鮮烈的柚子香、橙汁的豐潤，以及龍蒿新鮮的氣息。結合各種元素，完美呈現出現代風格的法式料理。Michel Troisgros想在東京店中表現的料理，是「將現代與古典，法式與日式融合並存」。因此不時也會使用到昆布或鰹魚所熬製的高湯。

此外，擺盤上的特點，在於將食材處理得較為細碎，採取纖細精巧的路線。「藉由將食物切得細小的作法，讓人們在食用時更加仔細，並聚精會神地去品味出更深層的味道，這就是製作時的目的。」在設計層面上營造出來的美感，在味道上確實會帶來莫大的影響。

剖析美味的設計！

[細鴨肝佐柚子風味　濃湯煨鴨肉]

晚間2萬1000日幣套餐的前菜

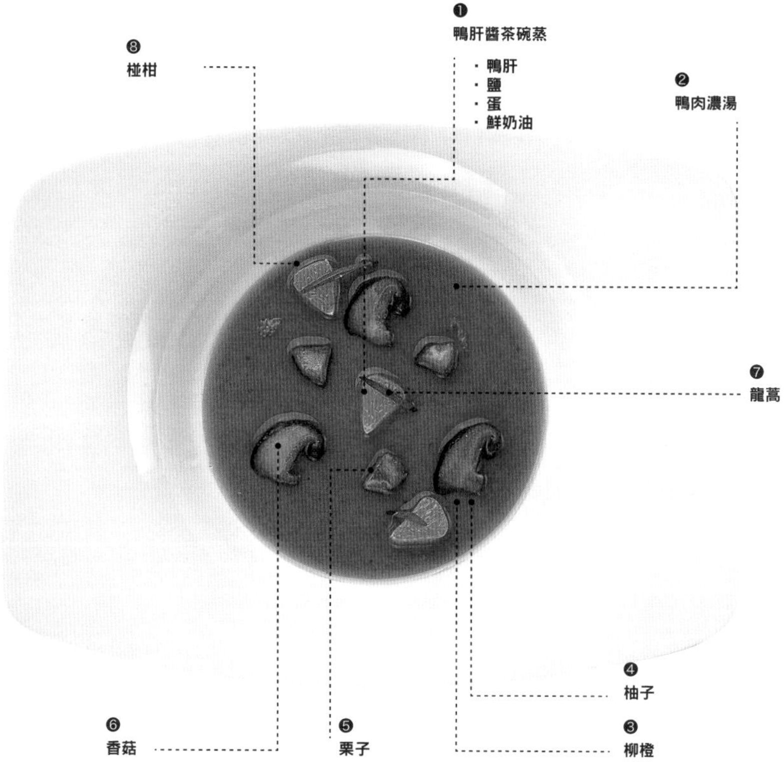

Restaurant information

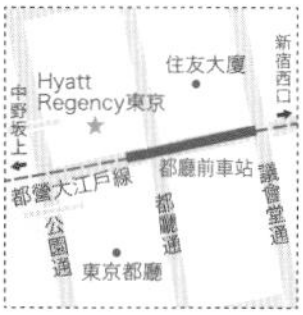

地址：東京都新宿區西新宿2-7-2 Hyatt Regency東京1樓
Tel：03-3348-1234（代表號）
營業時間：11：30～14：00L.O.、18：00～21：30L.O.
公休：無
午餐：套餐5830日幣～
晚餐：套餐1萬1550日幣～
（以上均含消費稅・服務費）
www.troisgros.jp

Lionel Beccat 主廚

2006年，Michel Troisgros大廚在東京開設法國料理餐廳Cuisine[s] Michel Troisgros後，於同年9月任命Lionel Beccat赴日擔任第一主廚，2009年4月起升任行政主廚兼店經理。

❶

鴨肝醬茶碗蒸

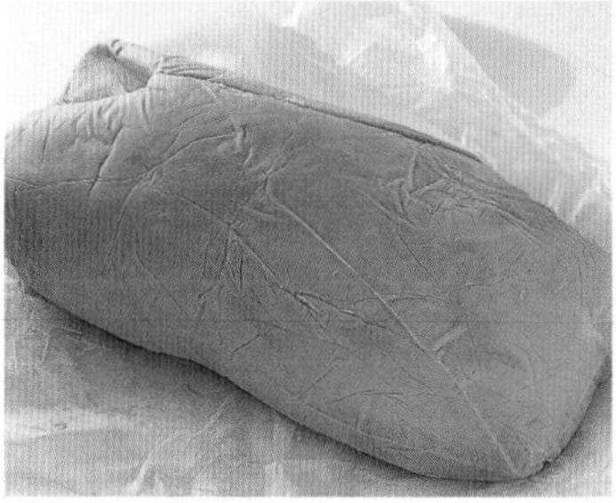

鴨肝

法國人所發明的美味食材。刻意讓鵝或鴨的肝臟肥大，成為完全的脂肪塊。這道菜中使用的是自法國空運至日本的新鮮鴨肝。

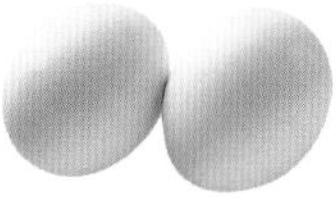

蛋

調製鴨肝風味茶碗蒸的基礎。為了創造濕糊糊的口感，必須精準地調整蛋的份量。

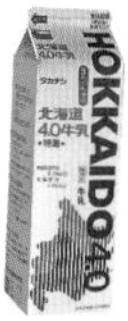

鮮奶油

為茶碗蒸增添豐潤口感的重要角色。另外也能讓肝臟的味道更加柔和。

鹽

法國籍主廚所愛用的Guérande產葛宏德鹽之花，是用日光陰乾取得的頂級海鹽。含有高量的礦物質和鮮美的味道。

❺

栗子

事實上，使用法國的小甜栗也不錯，但將日本的栗子烤得香氣四溢後，剝成小塊加入湯中，一樣具有無與倫比的美味。

❻

香菇

法國人原本就喜歡菇類食材，對日本特有的香菇更是份外感到興趣。尤其是充滿嚼勁的質地，能夠變化出許多口感。

❼

龍蒿

帶有微微的甜味與香氣，以近似於洋芹的清新氣息為特徵。常用來中和臭味，和奶油、牛油的味道很相襯。

❽

椪柑

原產自中國的椪柑。味道既不會太甜或太酸，很適合用來提味。將新鮮果肉加入湯中，是令人意外的大膽手法。

❷

鴨肉濃湯

以鴨骨熬成的高湯，經過濾、調味後烹成的濃湯。比起雞湯更具特色的強烈味道，配上鴨肝自然相得益彰。

❹

柚子

柚子是法國人特別偏好的日本食材，因此在法國經常被使用於糕點或料理中，這道料理僅用了些許柚子皮而已。

❸

柳橙

鴨肉配柳橙，是法國料理中的傳統手法。不過，這道菜中並未使用果肉，而是在最後完成時淋上些許橙汁，增添香氣與豐富口感。

restaurant Quintessence

restaurant Quintessence
甜菜根煮鴨肝派皮捲

在眾多年輕的主廚中，岸田周三主廚的料理仍然能顯現其突出的個性。從料理的設計到味道的結構，全都以自然為根本出發點，值得深入玩味。

這道料理也是，岸田主廚從「覺得切片後擺盤的料理說不定也很有意思」的想法中，設計出如此獨特的效果。底下襯著一種叫作Pate Brick的薄餅，上面層層疊著甜菜根、芋頭、鴨肝。事實上，剛開始是放在蛋糕模裡疊好，塑完型後脫模，再淋上甜菜根和甜醋熬成的醬汁，簡直像是製作糕點般的過程。

有趣的是關於甜菜根的構想。對筆者來說，甜菜根的顏色太過鮮艷，是一種帶著讓人感到不可思議的食材。而法國籍的主廚特別中意這一點，經常使用於料理中。果然甜菜根是用來配色用的嗎？岸田主廚露出感到意外的表情回答：「甜菜根的泥土香就是它很棒的部份啊。」從甜菜根的香味去連想能和肝臟相搭的食材，才又想到了芋頭。整個構想是用香味串連起來。

種種的味道，搭建起一道料理的基台，接著就要來為它增添層次和對比。把榛果壓碎後混入鴨肝中，旁邊擠上用碎榛果、日本硬胡桃、牛油、鹽、榛果油磨碎調成的醬。再用榛果油和野馬鬱蘭點綴出香味。

「我特別將心思放在如何強調料理的香味。」這是岸田主廚才能表現出來的出色概念。

自由地運用盤面空間來表現視覺美感的肝臟菜式，成就出這麼一道散發著質樸自然香氣的料理。

剖析美味的設計！

[甜菜根煮鴨肝派皮捲]

晚間套餐（1萬6800日幣）其中一道

香味的重點在於油和甜醋

岸田主廚對調味料的香味也很講究。平常愛用來自南法的Mill et Une Nuits品牌。左邊的那瓶不只是榛果油，裡面還加入了松子、開心果、山胡桃等食材，另外也依橄欖品種的不同，分別運用6種油來調味。紅酒醋則是選擇用班努斯紅酒釀成的葡萄酒醋，風味近似於波特酒。

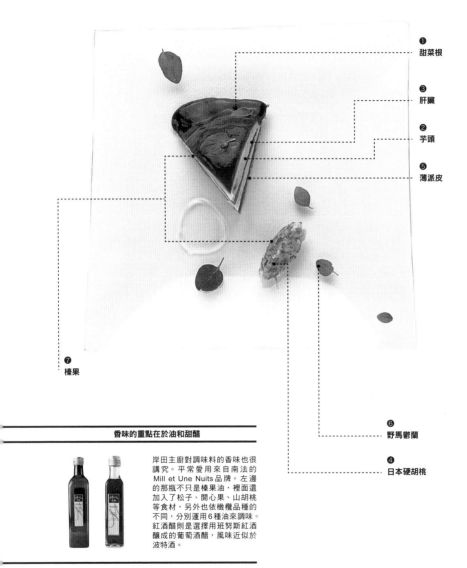

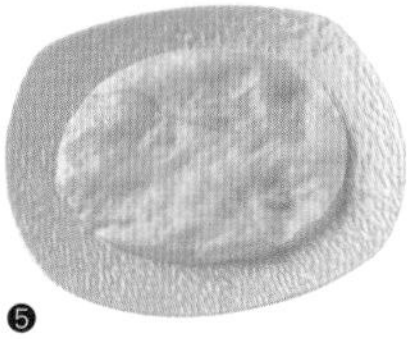

❺
薄派皮
用小麥粉和油、鹽桿成的薄餅皮，據說是源自突尼西亞料理，法國料理中常用這種薄餅包餡下鍋油炸，普遍被當成類似春捲皮的食材使用。

❷
芋頭
質地柔軟帶有黏性。在秋季至冬季間盛產期出的新芋頭，口感特別柔軟綿密。剛長出來的小芋頭，經常連皮一起蒸熟用於料理中。

❶
甜菜根
這不是蕪菁，而是薊科的一種甜菜根。日本國內也有栽植，而法國產的甜菜根體積大而顏色鮮艷。味道中帶有泥土香，因此不只是顏色搶眼，味道也具獨特性。

❻
野馬鬱蘭
曬乾後的野馬鬱蘭，經常用來消除料理中魚或肉的腥味。新鮮的野馬鬱蘭，在芬芳中帶有幾分苦味，具特別的魅力。

❸
肝臟
用大量的飼料餵鵝，使牠們的肝臟異常肥大後的脂肪肝。法文中「Foie」指的就是肝臟，而「gras」是脂肪的意思。常用於料理的肝臟有鵝、鴨兩種，近年鴨肝的產量較高。主廚使用的是法國LAND產的鴨肝，此類鴨肝的脂肪與質地都很好。

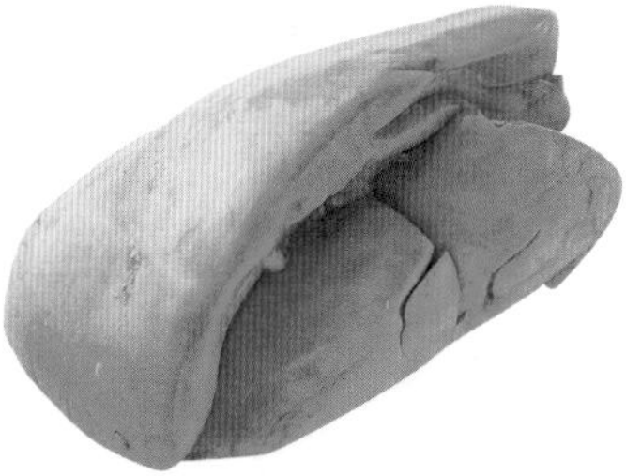

❼
榛果
也稱為Hazelnuts、Noisette，是質地香潤，脂質豐富的堅果，具有獨特的濃厚口感。

❹
日本硬胡桃
一般大多使用美國Juglas regia黑胡桃的混種品，這道菜中使用的卻是日本原產的硬胡桃。外型較小、質地硬，味道強烈。

Restaurant information

地址：東京都港區白金台5-4-7 Barbizon 25 1樓
Tel：03-5791-3715
營業時間：12：00～13：00L.O.、18：30～20：30L.O.
公休：基本上為星期日，此外每月6日，年末、元旦、夏季各有公休
午餐：7875日幣～晚餐：1萬6800日幣～無單點 服務費10% 可刷卡
需預約訂位

岸田周三 主廚
1974年生於和歌山縣。在志摩觀光HOTEL、東京「KM」修業後，赴法國深造。對巴黎「L'Astrance」的料理甚有共鳴，在該店渡過3年時光，以副料理長的身份活躍於料理界。回國後，自2006年5月起就任現職。2007年起高掛米其林3星旗號。

Restaurant FEU

Restaurant FEU
秋鯖和紅玉蘋果組合

秋天的鯖魚和蘋果這道菜色是由秋天的兩樣代表食材所組成，究竟是什麼樣的味道呢？

老字號法國料理餐廳「Restaurant FEU」的松本浩之主廚，突然挑戰嶄新的組合方式。

「最近，對壽司店裡帶有潤澤光芒的魚種很有興趣。不由得想把同樣的美味運用於法式菜色裡面。」松本主廚的料理基礎思想，是使用最精簡的食材來表現出季節感。以秋天來做為構想，第一個想到的是他的故鄉山形，那裡一向盛產紅玉蘋果。「一說到秋天，腦海裡就會浮現夕陽下的蘋果園。」秋天、鯖魚、蘋果。彷彿在玩聯想遊戲般，把食材組合起來。新構想來自於回想和舌尖記憶所模擬出的結果。

採購了江戶前的鯖魚，用法國葛宏德的鹽醃上4個多小時。「亮皮魚最重要的就是鮮度。新鮮與否，魚肉的清透滋味完全不同。」接著再用月桂葉、燈籠辣椒、法國紅砂糖調過的蘋果醋來做第二階段的醃製。相對於主菜，做為配菜的蘋果可以變換使用果泥、果凍，還有切片等各種形態來搭配。

「進一步加上河內晚柑（Citrus grandis）製成的水果冰沙。」河內晚柑的味道柔和，不會過酸，並帶著一種微微的苦味，吃起來倍覺清新。這股味道可以把鯖魚和蘋果完美地連結。

這道料理中，食材間的共通點就是新鮮度和酸味。能夠一口氣嚐遍新鮮的高級鯖魚、蘋果和河內晚柑的酸味。令人意外的組合，卻能呈現出極漂亮的菜色，不得不為主廚的手藝鼓掌喝采！

剖析美味的設計！

[秋鯖和紅玉蘋果組合]

晚間8400日幣套餐的前菜

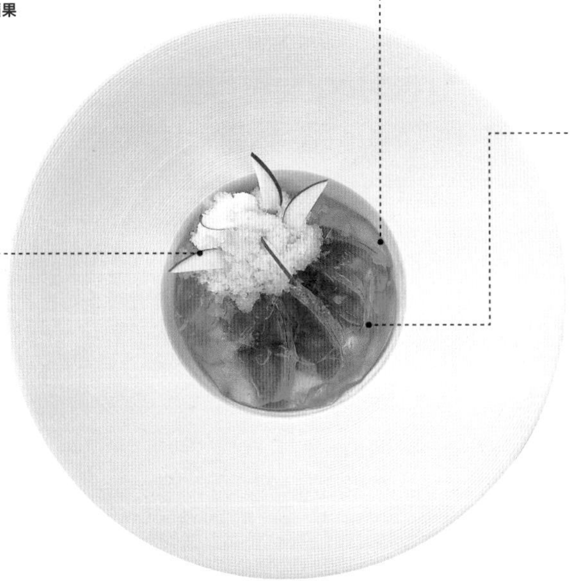

醃料	連結鯖魚和蘋果的關鍵、清爽的酸味

法國紅砂糖

也被稱為Brown sugar。自甘蔗汁萃取而來的甘味料。甜味簡樸，常用於製作糕點、糖果。

辣椒

紅色為辣椒，橘色的則是墨西哥產世界第一辣燈籠辣椒Habanero。由於只是提味，份量只需要一點點。

Cidre Vinaigre蘋果醋

用Cidre（以蘋果發酵而成的酒精性飲料）發酵成醋酸後，加入蘋果汁、砂糖調製。具有圓潤的酸味。

月桂葉

月桂樹的樹葉。在醃或燉的料理中，加入乾燥過的月桂葉，可以消除多種食材混煮的臭味。本身帶有牧草般清新的香氣。

河內晚柑

產自熊本縣熊本市河內町，由文旦衍生出來的特有品種。外型看起來近似洋梨或葡萄柚，但本質上仍屬於柑橘類。果肉柔軟多汁，稍帶苦味，柔和順口的酸味相當好入口。每年自5月至次年的夏天長成樹，由於是越冬栽培期，所以大多種在溫暖的地區。根據收穫的時期，味道也會有所不同。

❷
紅玉蘋果

在各類蘋果中，是具有較強烈的酸味，果肉堅實細緻的品種。以前只有酸，沒什麼甜味，被當成較廉價的蘋果，但近來卻因明晰的酸味而大受歡迎，很不容易買到。

❶
果凍

用果膠把紅玉蘋果的果汁，做成入口即溶的果凍狀。最底下襯的是攙入牛油提升香味的紅玉蘋果果泥。也就是說，是用紅玉蘋果上下夾住鯖魚。

❹
鹽

來自葛宏德的鹽。從法國布列塔尼半島的鹽田，取自海水製成。外觀略帶灰色，滋味順口，並含有豐富的礦物質。這是法國有機農業促進團體的認證商品。

❸
秋季的鯖魚

鯖魚的脂肪層從秋天開始豐厚，味道變得美味起來。松本主廚說：「我用過日本各個鯖魚產地所進貨的鯖魚，但還是沒有任何東西能勝過新鮮。新鮮鯖魚活跳跳的程度可是會嚇到人呢。」江戶前的鯖魚不但有濃厚的味道，鮮度也足夠。

Restaurant information

地址：東京都港區南青山1-26-16
Tel：03-3479-0230
營業時間：11：30～14：00L.O.、18：00～21：30L.O.
公休：星期日、每月第3個星期一
午餐：套餐3150日幣、4515日幣、6300日幣、9450日幣
晚餐：套餐8400日幣、1萬2600日幣、1萬5750日幣

松本浩之 主廚

出身於山形縣，1969年生。以「a cote dor」為首，在法國修業長達6年。回國後於銀座的餐廳擔任4年主廚，2006年9月起轉任「Restaurant FEU」的主廚。樂於使用簡單的食材，一心投注於法國料理的世界。

Sekihotei

赤寶亭
四月八寸

日本風靡全世界的東西，不只是建築、產品。料理界也一樣，特別受到注目的原因，在於日本料理的構想，經常以「季節」為基礎。在西方各國，也有春天慣用白蘆筍、秋天嗜食野味等特別具季節性的食材。而日本料理，並不只是用當季的食材來表現，甚至會將節日或風景也融入料理中。其中最具代表性的菜色，就是懷石料理中的「八寸」。

赤塚真一師傅長年在日本關西地區工作，連茶道也涉獵一二。是堅守傳達日本料理概念的料理人。

「數量是奇數，顏色要五彩，味道也要五種。要以這幾項條件為前提來想出一道菜色。季節中的節氣也要衡量在內。」

打個比方來說，四月是賞花的季節。因此可以選擇用縱串的兩串賞花糰子兩串。一串有四種，共計八款一口料理，背地裡可是下足功夫。蒟蒻用醬油、味醂、高湯炊熟。百合根蒸熟後磨成泥，調味後再搓成圓型，嫩筍用壓碎的豆腐乳來添味，用綠葉包成捲。毛蟹磨成蟹肉泥，包住鳥蛋的蛋黃和丹波的山藥，做成蛋黃壽司。

「這些是要做成下酒的小菜，因此必須是方便一口吃下的大小。」

除此之外，還有手毬壽司、鰻魚的八幡捲、一寸豆、鹽醃海鼠子（海參的卵巢）。光是一道菜，就能享受到13種不同料理的美味。現在世界各地的套餐，都很流行使用少量多種的形式，起源正是來自懷石料理。我們正是以日本料理的形態，搶先體驗到世界最先進的料理呢。

剖析美味的設計！

[四月八寸]

夜間1萬1550日幣套餐中的一道

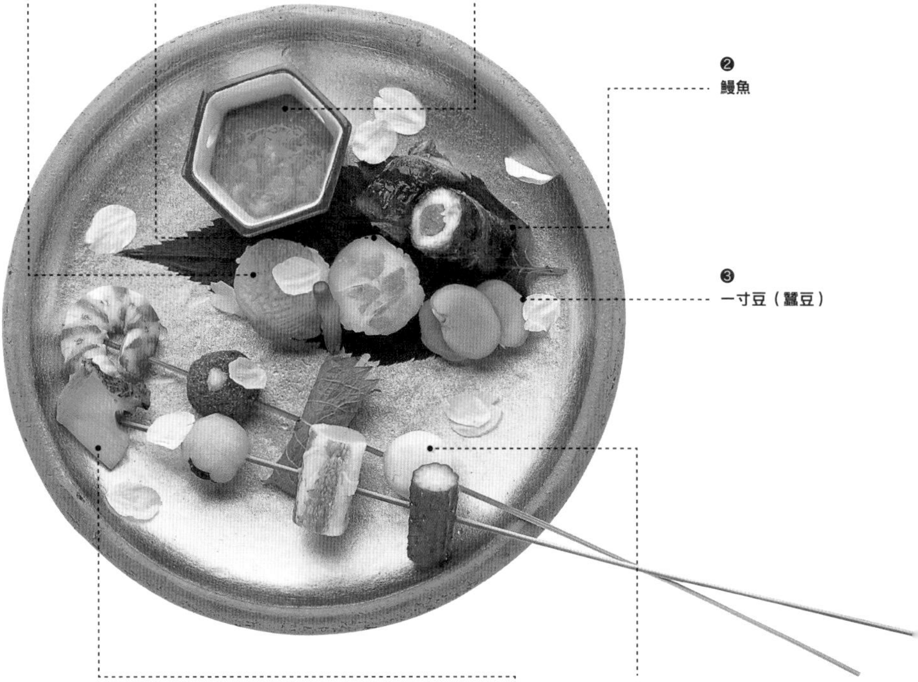

提味的調味料

豆腐乳

源自中國的豆腐乳，是相當普遍的調味料。如名字所示，豆腐乳是由豆腐發酵而成，具有獨特的香味，嚐起來的滋味也很有深度。和筍類食材的搭配度很高。

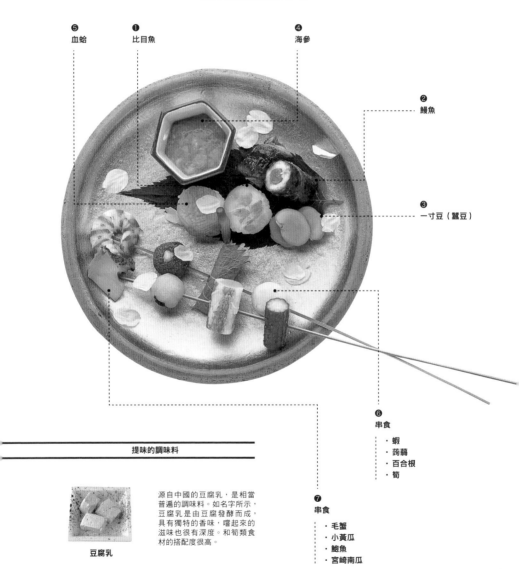

❶
比目魚

常磐產的比目魚，魚肉打薄後調理成手毬壽司。

❹
海參

鹽醃海鼠子（紅海參的卵巢）。這是最配日本酒的稀有海味，沾上生薑醋吃起來十分爽口。

❺
血蛤

香川縣產的血蛤，在高級壽司店是很常見的食材，香味特別濃。

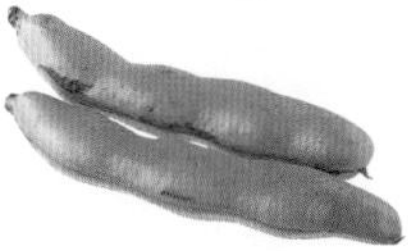

❸
一寸豆（蠶豆）

一般到6月才吃得到的空豆，現在4月就登場，鮮艷的顏色是重點所在。

❷
鰻魚

小尾的鰻魚肉質柔軟，入口滑順。中間還捲了蜂斗菜。

❼
串食

鮑魚

房總產的真高鮑魚，蒸過後的色澤美麗動人。

宮崎南瓜

南瓜本來是夏天的食材，但宮崎的南瓜春天就有充分的甜度。

毛蟹

北海道的毛蟹，果然還是以鮮甜的蟹肉和強烈的香味為特徵。

小黃瓜

高知產的小黃瓜。用灑上岩鹽的昆布擼過。

❻
串食

百合根

蒸熟磨碎後，清甜的味道完全突顯出來。

蝦

熊本天草產的斑節蝦，送至店裡時都還活蹦亂跳地，香味出眾。

筍

綠葉中包的筍片，只用了筍子的表皮和尖端最柔軟部份。

蒟蒻

自宮崎採購而來的蒟蒻。味道十分濃郁。

Restaurant information

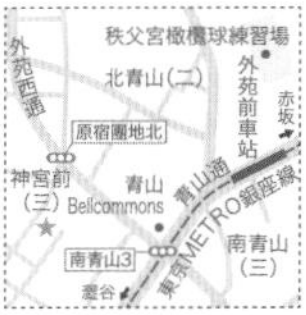

地址：東京都港區神宮前3-1-14
Tel：03-5474-6889
營業時間：18：00～22：30、12：00～14：30（僅星期三～六）.
公休：星期日
午餐：套餐5250日幣～
晚餐：套餐1萬1550日幣～

店主 赤塚真一

山形縣出身。在滋賀知名的料亭「招福樓」長年修業，任職東京赤坂「きくみ」的料理長後，於2004年獨立創業。以精選食材和細膩的手法調製而成的料理，吸引許多支持者。

Les enfants gates

Les enfants gates的福岡縣筑紫郡產無農藥春季時蔬法式肉凍・番紅花口味慕斯林奶油

聽到「以法式肉凍為主的法國料理」，不免叫人吃了一驚。在現今大多專注於擺盤設計的潮流中，「Les enfants gates」的原口廣主廚卻一心追求於刻板規格（將所用的肉凍食材壓成10cm方型長條，切片後完成）的肉凍。乍看下沒什麼特別，其實學問可大著。這就是法式肉凍的有趣之處。

其中以蔬菜肉凍最有意思。外觀上要呈現出四角形，但又不能用果膠來固化形狀。用比模具容量多上兩倍的鮮脆蔬菜，填滿模具，再用重物加壓擠出水份後，再加以塑造出完美的外型。

「填充之前會先做些調理，像是把白蘿蔔泡軟、綠花椰菜要更脆一點等，依據每種菜的特性來改變口感。將近20種蔬菜，都要能保留住各自的味道。裝填時還要考慮到顏色的層次、相鄰的食材之間的口味搭配。」

這道法式蔬菜肉凍，最重要的就是蔬菜的味道。餐廳的工作人員中，有人的父母在福岡縣種植蔬菜，主廚嚐過後對於味道大為讚賞。花上許多時間慢慢擠出來的水份，還必須用來調製重要的醬汁。把用番紅花、白苦艾酒再加上帆立貝所熬出來的高湯做為底味，再擠上類似美奶滋的慕斯林奶油。帆立貝的高湯，最能襯托出蔬菜的美味。

即使已經做這道菜十幾年了，但在下刀切片的時候，主廚仍然為了要切出絕美的剖面而聚精會神。這是屬於主廚一個人的樂趣。但對於等著享受美食的我們，在嚐過一口後，因為嚐到了蔬菜們在口中迸發個性的快樂，忍不住想向主廚道謝呢！

剖析美味的設計！

[福岡縣筑紫郡產無農藥春季時蔬法式肉凍・番紅花口味慕斯林奶油]

晚間7140日幣套餐的前菜

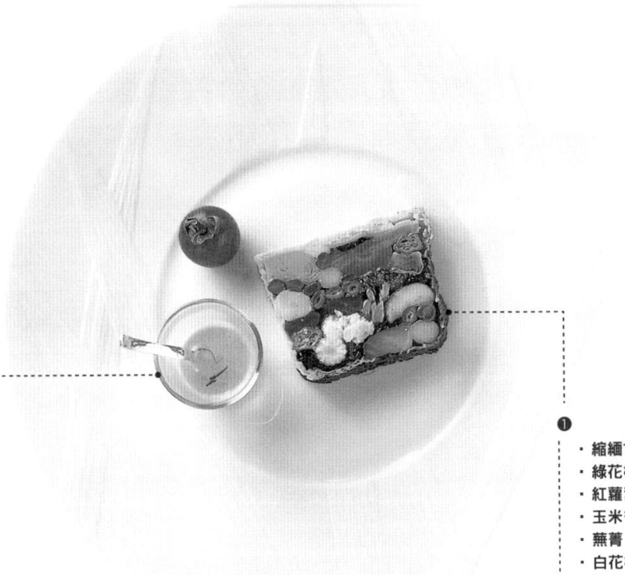

慕斯林奶油醬

❶
- 縮緬甘藍菜
- 綠花椰菜
- 紅蘿蔔
- 玉米筍、隱元豆、秋葵
- 蕪菁
- 白花椰菜
- 蘑菇
- 綠蘆筍、白蘆筍、櫛瓜
- 白蘿蔔、韭蔥
- 菠菜
- 紅蔥
- 紅甜椒、黃甜椒

打造出慕斯林奶油醬底味的幕後功臣

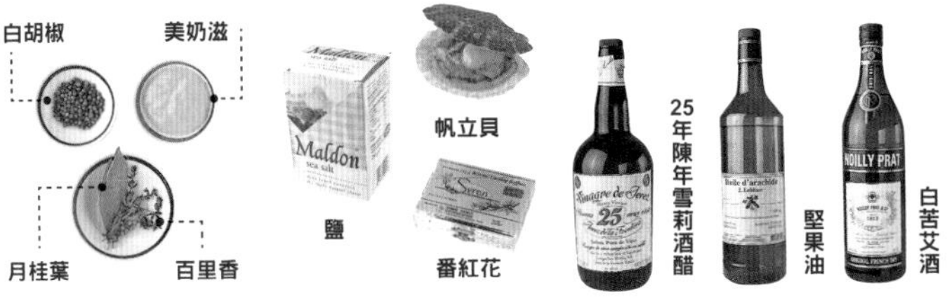

能夠好好地襯托出蔬菜的甜味、菜味的油、醋、以及白苦艾酒。為了讓只經過汆燙、保留住新鮮度的蔬菜呈現出生菜沙拉般的風格，要用到數種調味材料。加進慕斯林奶油醬裡的生菜汁也要用百里香、月桂葉、白胡椒來增添香味。

白蘿蔔、韭蔥

蕪菁

縮緬甘藍菜

菠菜

白花椰菜

綠花椰菜

紅蔥

蘑菇

紅蘿蔔

紅甜椒、黃甜椒

綠蘆筍、白蘆筍、櫛瓜

玉米筍、隱元豆、秋葵

❶ 蔬菜全都分別燙熟，特別注重能夠強調出獨特滋味的口感。為了更提高外觀上的美感，填裝時必須一邊衡量紅、黃、綠色等濃淡層次。原口主廚的蔬菜肉凍中所凝聚住的蔬菜美味，特別高人一等。

Restaurant information

地址：東京都澀谷區猿樂町2-3
Tel：03-3476-2929
營業時間：12：00～14：00L.O.、18：00～21：30L.O.
公休：星期一（遇國定假日時，隔日公休）
午餐：套餐3150日幣～
晚餐：套餐7140日幣～

店主兼任主廚 原口廣

生於1968年。在「Pierre Gagnaire」、「Lucas-Carlton」等法國的知名餐廳修業5年。回國後在「TSUKI」、「CLUB NYX」等擔任主廚，後升任為店主兼主廚。「我無法忘懷第一次吃到法式肉凍時的感動。」

RAIKA

禮華
黑胡椒中國對蝦炒貓耳朵＆秋刀魚春卷

在中華料理的世界中，表現美感的精髓一脈相傳。呈現具象的表現方式，是如何讓料理更豪華的競爭。在蔬菜上做出細緻的雕工，表現動物或風景，追求任何人都為之驚艷的魄力。但近來受到西洋文化的影響，中華料理的擺盤方式，也出現相當大的變化。

「禮華」的新山重治主廚，在上海、廣東料理的名店修習後邁向獨立創業一路。每年，他都前往料理的發源地，不僅去見識最新的中華料理，義大利料理、日式飲食文化等，他也涉獵不少。一邊堅守自己的本質，尋找個人特質的料理，這道貓耳朵就是例子。「這是把南瓜和入麵中，再削成貓耳形狀的麵食。義大利麵的源流就是中國。此外，在中國的西北部，也有類似牛油的調味料」，因此就用黑胡椒和牛油來炒中式的貓耳朵。柔嫩的口感加上牛油的甜味、黑胡椒的辣味，吃起來雖然非常像義大利料理，但由於裡面還用了雞湯，所以絕對是中華料理沒錯。

秋刀魚春卷也是新山主廚的獨門料理。「中國菜都是使用整尾的大魚，幾乎不太會用到較小的魚、尤其是青魚。不過，日本秋天的新鮮秋刀魚，正是賞味的最佳時期。」和筍子、香菇、榎茸、蔥一起，抹上甜麵醬、豆瓣醬後用紫蘇捲好，剖開的背部併攏後，包成春卷。綜合了苦、甜、辣的滋味，和秋刀魚的味道搭得不得了。

以熟知傳統的基礎，運用日本人獨到的新構想重新展現中華料理的精髓。新山主廚的料理，是連中國人也想要瞭解的日式中華料理。

剖析美味的設計！

[黑胡椒中國對蝦貓耳炒麵]

5250日幣～　主廚套餐中的一道

[秋刀魚春捲]

5250日幣～主廚套餐中的一道

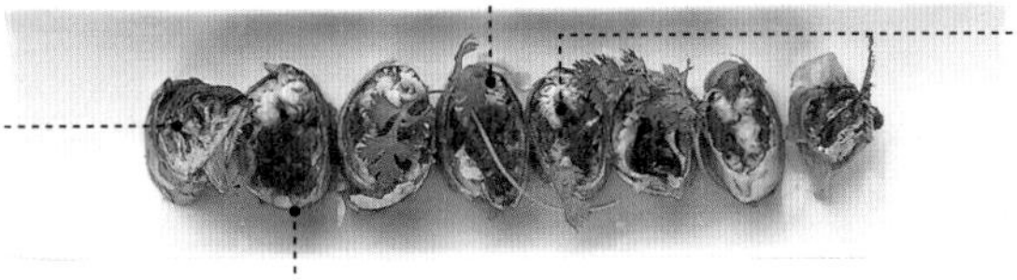

[秋刀魚春捲]
組成基本味道的幕後功臣

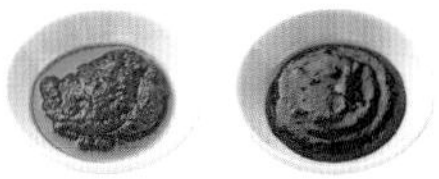

右）甜麵醬。也就是甜的味噌。新山主廚使用八丁味噌來自製獨門的甜麵醬。左）豆瓣醬。中國四川的產品。道地的豆瓣醬是用空豆製成的發酵性醬料，用在這裡的豆瓣醬，有加自製的辣油來加重口味。

[黑胡椒中國對蝦炒貓耳朵]
香辛料和調味料的重點

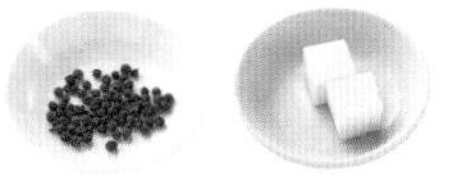

黑胡椒是一種自印度流傳至全世界的香辛料。牛油則是從牛奶製作而成的調味料，在蒙古、中國的邊境一帶也廣受使用。但牛油流傳到民間大眾的生活中，是受到從香港傳入的西洋文化影響。

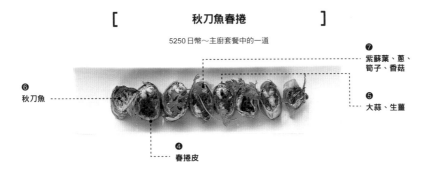

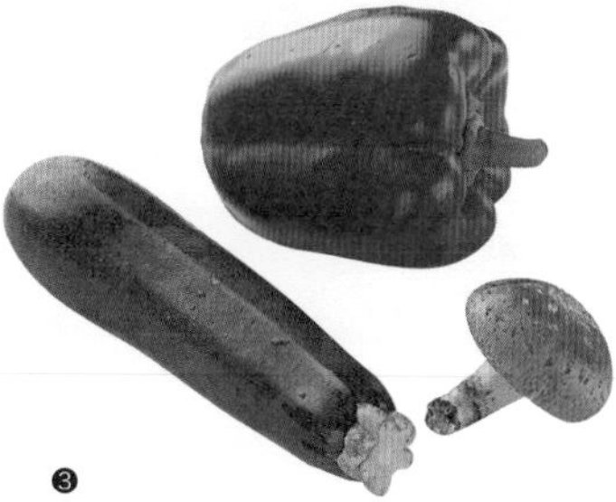

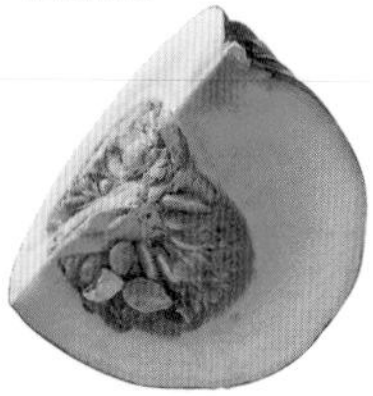

❶
蝦仁

奢侈地揮霍大隻的中國對蝦。柔嫩彈牙的口感令人享受不已。

❷
南瓜

蒸熟後壓成泥，再用高筋麵粉、鹽揉成麵糰。削成小塊後，用手指捻成貓耳朵的形狀。

❸
紅甜椒、櫛瓜、香菇

每種都能表現出絕佳的顏色和口感，過油後和麵一起拌勻。紅甜椒能夠散發出柔潤的甜味。

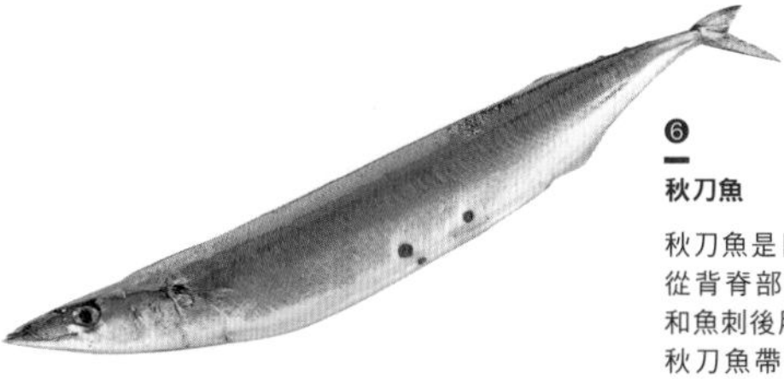

❹
春捲皮

用小麥粉桿成的春捲皮。裹住包了餡的秋刀魚後，直接下鍋油炸，炸熟後切段就完成了。

❺
大蒜、生薑

中華料理中味道的基礎。為香氣增添濃厚感，讓味道更爽口。

❻
秋刀魚

秋刀魚是日本秋季的代表。從背脊部剖開，剔去背骨和魚刺後用於料理。9月的秋刀魚帶有恰到好處的脂肪，嚐起來特別美味。

❼
紫蘇葉、蔥、筍子、香菇

蔥、筍子、香菇各別帶來不同的口感和鮮美滋味。炒熟調過味後，用紫蘇葉捲起來。

Restaurant information

地址：東京都新宿區新宿1-3-12
Tel：03-5367-8355
營業時間：11：30～14：00L.O.、17：30～21：30L.O
公休：無（夏季、年底元旦期間擇日公休）
午餐：商業午餐1000日幣～
晚餐：主廚套餐5250日幣、PREFIX6300日幣～

新山重治 主廚

在知名的上海料理餐廳工作長達10年。其後，在惠比壽地區以魚翅聞名的餐廳擔任料理長，2004年獨立創業。色彩多變的料理廣受支持，去年店面擴張為兩倍大，已成為預約不斷人氣餐廳。

Toshi Yoroizuka

Toshi Yoroizuka
焗烤柿子

柿子是一種世界共通的食材，在法國的市場中，柿子則以「KAKI」的名稱販售。只是，這種水果在處理過程中意外地棘手，想要運用在點心中更是難上加難。在歐洲從不曾看過有人用柿子做點心，幾乎都是拿來當水果吃而已。曾在比利時評鑑3星餐廳擔任點心主廚的鎧塚俊彥主廚，據說也很少接觸這類食材。直到最近，才終於完成了一項以柿子為主角的新作品。

「這段時間內試過許多種柿子，直到遇見和歌山產的刀根柿後，才定案下來。這個品種本來是帶澀味的柿子，但經過砂糖和牛油快炒過後，口感會變得柔軟好入口，柿子原有的澀味也不會太強烈。」

調理後的柿子，軟糊糊地像完全熟透了一般，光是這樣就已經夠好吃了，但要成為一道精緻的甜點，還需要再下一點功夫。首先，在烤盤底下先墊上一層卡士達奶油醬，再把炒熟的柿子鋪上去。為了多添幾分秋天的氣息，還要裝飾上新鮮的柿子、栗子和一球栗子奶油。沒想到光是單純的柿子竟然也能擁有如此豐潤的口感，充滿官能樂趣。

這是在設有14席吧台位的店面裡，供現點的Salon Menu，不提供外帶，直接就在客人眼前調製美味的甜點。品味成人的點心生活，配上一杯葡萄酒或香檳，真是人生的一大享受。「歐洲地區，栗子和香檳是極為正統的經典組合。」這道焗烤柿的味道也和香檳非常匹配。偶爾來段附加的行程，餐後轉移到特別的場所，悠閒地享用甜點如何？

剖析美味的設計！

[焗烤柿子]

1200日幣

❶ 栗子奶油

❷ 栗子

❸ 焗烤奶油
- 杏仁
- 鮮奶油
- 那須高原產的雞蛋

❹ 卡士達奶油醬
- 馬達加斯加產的香草棒
- 那須高原產的雞蛋

❺ 柿子
- 紅砂糖
- 明治發酵奶油

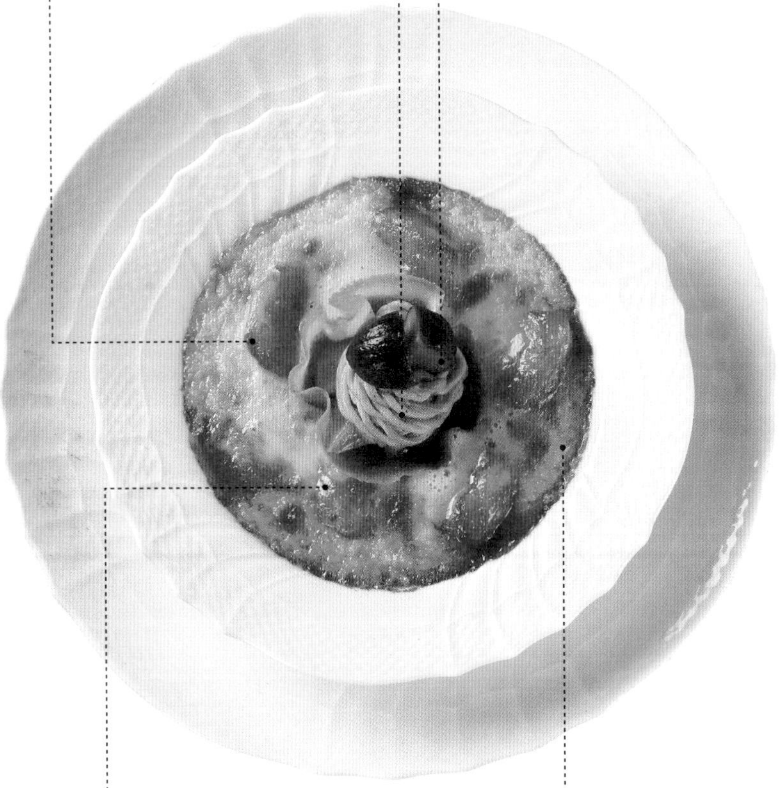

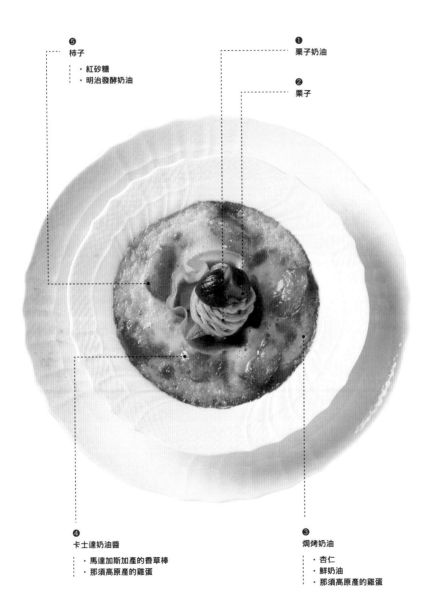

[Toshi Yoroizuka／法國料理]

❶

栗子奶油

用栗子泥調成的奶油醬。

❷

栗子

用糖漿煮過的日本栗子，完整保留了鬆鬆軟軟的甘甜滋味。初秋時期用的是熊本產的栗子。

❸

焗烤奶油

Crème pâtissière、只用鮮奶油打的Crème chantilly、加了杏仁的Crème D'amandes 三 種奶油混合而成。

那須高原產的雞蛋

由那須高原的養雞農家直接提供的受精卵。由於一天總產量僅500個，店裡只能分到100個配額。因此只有在需要強烈的雞蛋濃厚感和調製奶油時才用。

杏仁

磨成粉後加進奶油中。

鮮奶油

使用中澤乳業47%的濃稠鮮奶油。

❹

卡士達奶油醬

雞蛋、香草、牛奶一起煮成的卡士達奶油醬。

那須高原產的雞蛋

馬達加斯加產的香草棒

❺

柿子

和歌山縣產的刀根柿，以澀味聞明的柿子品種，但經過加熱後，澀味就會消失。調理出軟糊糊的口感後，非常適合製作甜點。

明治發酵奶油

紅砂糖

Restaurant information

地址：東京都港區赤坂9-7-2東京MIDTOWN・EAST 1樓
Tel：03-5413-3650
營業時間：11：00～21：00L.O.
公休：星期二（店面可外帶）
甜點：1200日幣～
www.grand-patissier.info/ToshiYoroizuka

點心師傅 鎧塚俊彥

擁有受到瑞士、德國、巴黎、比利時等歐洲各國認同的手藝，是首位在3星餐廳擔任點心主廚的日本人。2004年在惠比壽開店後，成了店門口總是大排長龍的點心店。2007年3月也將在六本木開設店面。

RISTORANTE HiRo

RISTORANTE HiRo青山總店
百味時蔬附起司風味冷湯

生菜沙拉。光用這個名字，感覺好像平凡無奇。這道看起來像是一大堆材料匯聚而成的料理，其實裡面包含的蔬菜和香草，豐富到多達60種以上。

「主要想隨性地表現出大自然直接採頡到盤中的感覺。但是，看似簡單的一口沙拉，其實要考量到香氣、味道、口感等許多要素。我忘不掉第一次在西班牙的Mugaritz吃到這項料理時，那種衝擊的心情。」關口主廚告訴我們。總是不斷採用最先進技術的西班牙料理界，除了讓人能品嚐自然的精髓，針對料理內容的縝密考量也令人感動萬分。

回國後，也想表現出日本豐沛的大自然，因此夏季就用夏季的、秋季就用秋季的花草來構築出一道料理。既然如此，當然也就沒有所謂的食譜了，必須要看當天從那須、千葉、名古屋、鎌倉等地採購來的食材決定。接著將食材一一細心地洗滌乾淨。綠花椰菜或白花椰菜等汆燙的蔬菜、玉米筍或茄子等圓條型的就用燒烤，夠新鮮的食材適合直接品嚐的新鮮口感就切細，全都以手工進行。反覆進行細緻、小心的程序之後，才能累積出眼前的這道料理。外觀看起來會那麼自然，正是因為專家的高明手法，帶著絕對的堅持來調理的緣故。還有，起司冷湯雖然只是增添風味用，但只要喝一口，香氣、口感和味道都會完全不同。

還有比這更豪華而美觀的生菜沙拉嗎？保持自然面貌的鮮艷色澤，留存住自然外型的高深設計。美麗的東西也會美味，美味的東西更是美麗。

剖析美味的設計！

[百味時蔬附起司風味冷湯]

8400日幣套餐的前菜

❹
櫛瓜、空豆、隱元豆、
粉豆、帶莢隱元豆、
平莢隱元豆、黑隱元豆、
綠蘆筍、
白蘆筍、小洋蔥

❶
豆芽、冬寒菜、馬齒莧、酢漿草、
藍莓、金蓮花的葉子、
綜合生菜、紫海棠、卡莉娜、
羅勒、綠薄荷、蘋果薄荷、
辣薄荷、紫蘇、赤藜

❺
玉米筍、茄子、
紅甘藷、牛肝菌、
白蘿蔔、櫻桃蘿蔔

❼
茴香、
紫萵苣、
綠花椰菜、
白花椰菜、
紅蘿蔔

❸
小黃瓜、大黃、馬鬱蘭、
蒔蘿、義大利香芹、
波斯菊葉、紅蘿蔔葉、
嫩蘆筍芽、嫩草莓

❻
芹菜、山芹菜、
紅心菠菜、
黃花南芥菜、芝麻菜、
菠菜、褐芥菜

❷
金蓮花、波斯菊、瞿麥、
海棠、堇花、歐蓍草花、
黃花南芥菜花、芝麻菜花、
白蘿蔔花、白蘿蔔種子、
紅蘿蔔花、油菜花、櫛瓜花

冷湯的內容物

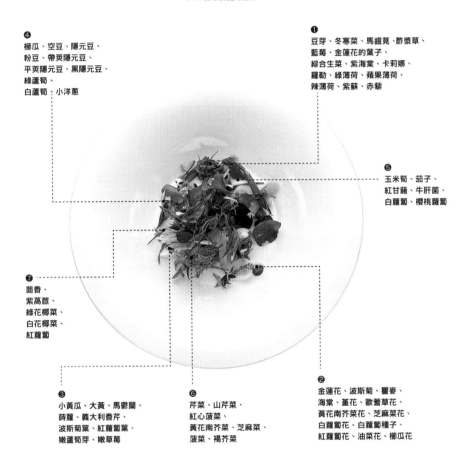

帕馬森乾酪

愛曼塔起司

牛油

蔬菜中完全不添加鹽或胡椒來提味，反過來用起司的冷湯來做底味。使用取自動物的起司或牛油煮成的湯，特有的鮮味能夠把生菜的特性融合起來。只要配上一口，就能再享受到蔬菜不同的味道和香氣。

❶

散發著獨特香味的香草類。一樣是薄荷，因為品種不同，味道的強弱也相差許多。放入口中馬上就會感到一股清新的氣息。

❷

這也能吃嗎？鮮艷得令人感到驚訝的花朵。比起花香味，更讓人深刻感受到的是它們的苦味、酸味，還有淡淡的甜味。

❸

剛長出來的蔬菜和水果，所帶有的青澀香氣和味道特別具魅力。此外，蔬菜和花瓣還能帶給人柔軟的口感和香氣。

❹

豆類主要是增加一顆顆的口感和甜味。光是小小的豆子，也有明晰的甜味，品嚐時讓人感到不可思議。

❺

烤過後更突顯出好吃味道的蔬菜，在這道料理中是很重要的角色。白蘿蔔和櫻桃蘿蔔口感輕脆又豐潤多汁。

❻

口感鮮脆又有嚼勁的葉菜類。苦味和辣味可以形成重要的味道層次。

❼

芬芳的香草、帶苦味的葉子、汆燙過的蔬菜。加上各種有嚼勁的菜類，越嚼越有味道。

Restaurant information

地址：東京都港區南青山5-5-25 T-PLACE B1
Tel：03-3486-5561
營業時間：11：30～14：00L.O.、18：00～22：00L.O.
公休：星期一（遇國定假日則營業）
午餐：麵食午餐1890日幣～
晚餐：套餐6825日幣～

關口晴朗 主廚

在「RISTORANTE HiRo」山田宏巳主廚的團隊中，學習自由大膽的構想、對食材的全面了解。後來，受到西班牙以年輕實力派聞名的「Mugaritz」餐廳的啟蒙，前往修業兩年，回日本後擔任「RISTORANTE HiRo」主廚。

Le Dessin

Le Dessin
法式帶骨小羊排飯糰

前往海外修業後，剛回到日本的主廚們，必定都有一段徬徨的時期。

「使用日本的食材，設計新的料理時，多少會開始懷疑這到底算不算是法國料理，有時候甚至會因此而失去自信。」

總是客滿的人氣餐廳「Le Dessin」。在此就任的增田稔明主廚，也曾有過這樣的時期。而眼前的這道料理，就是他在最迷惑的時候，以使用米飯的獨特法國料理為構想，而設計的菜式。自5年前獨立創業以來，增田主廚的料理一直都是菜單上的招牌，不曾被替換過。

「法國的白米因為品種不同的關係，顆粒較細，也沒有黏性，大多被當成蔬菜的一種，用在沙拉之類的料理中。但我想在料理中，試著表現出日本白米般帶甜味、又軟又有彈性的口感。」在這樣的構想下，發明出把米飯包覆在肉類料理的外層。用小羊的碎肉、米、胡桃、蘑菇磨細之後做成外衣，包住帶骨的小羊排後送入烤箱。醬汁則用白酒和鴨子熬成的高湯、芥末籽調製。

一切開飯糰，熱騰騰的蒸氣逸散開來。帶有微微彈性的米飯外衣，富含了羊肉的鮮美滋味，口感彈牙。再者，毫不馬虎的醬汁，確實地強調出法國料理的血統。

「不過，醬汁裡不用牛油。由於份量多，吃完後有飽足感，但很快就能恢復清爽的感覺。這就是我們在味道上致力表現出來的特色。」

現在是許多法國人紛紛將料理替換成日本食材的年代，或許在日本孕育出來的法國料理，比法國當地更講究呢。

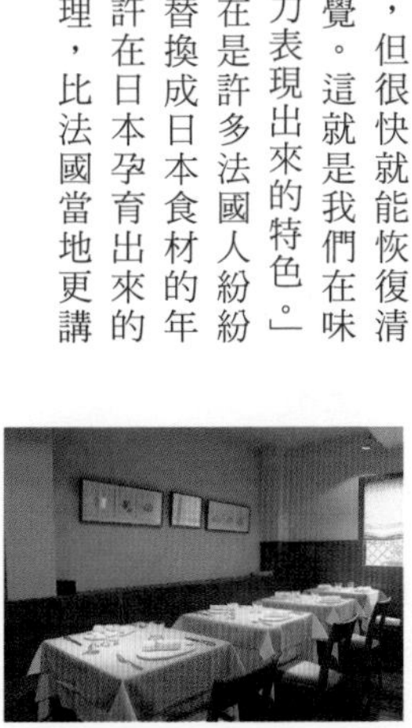

剖析美味的設計！

[法式帶骨小羊排飯糰]

晚間4300日幣～套餐的主菜

❶
隱元豆、韭蔥、小蘆筍

❷
醬汁

- 白酒
- 鴨骨香料高湯
- Pommery芥子醬
- 第戎芥子醬

❸
小羊肉

❹
外衣

- 胡桃油
- 蘑菇、胡桃、米
- 褐色高湯

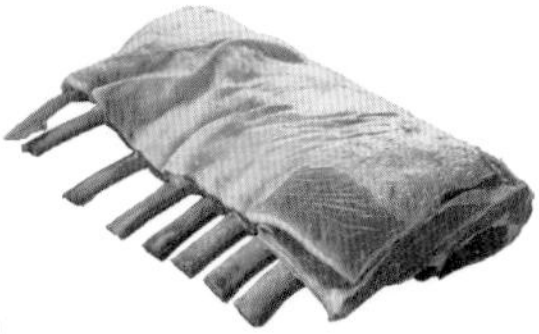

❸
小羊肉

澳洲產的Dorset品種法式小羊排。這是柔軟無羊膻味的帶骨小羊脊肉排。為了烤出外焦內嫩的玫瑰小羊排，先烤上14分鐘後，再放置同等的時間。

❶
隱元豆、韭蔥、小蘆筍

隱元豆、綠蘆筍分別燙熟，用韭蔥捲住綁得像花束一樣。連蔬菜的外觀也下了很大的功夫。

蘑菇、胡桃、米

色高湯

胡桃油

❹
外衣

外衣也用了小羊的碎肉，但主要的材料是蘑菇、胡桃及米飯。每種材料都用調理機切碎過，再加進胡桃油和褐色高湯（用雞熬的高湯）做成小羊排的外衣。稍帶輕脆嚼勁的食材中，白米飯柔軟的口感更顯得特別。

鴨骨香料高湯

第戎芥子醬

Pommery芥子醬

白酒

❷
醬汁

使用以鴨骨熬成的高湯。一般大多會用雞來熬，但增田主廚因為不用奶油，以味道更強烈的鴨骨來補足味道。「鴨骨高湯煮出來的濃湯，會有一股像醬油般濃烈的香味，我認為這會很合日本人口味。」

Restaurant information

地址：東京都新宿區原町2-6-7 Heights SM 1樓
Tel：03-3353-2223
營業時間：12：00～13：30L.O.（僅星期六、日提供午餐）、18：00～21：00L.O.
公休：星期三．每月第3個星期二
午餐：套餐1950日幣～
晚餐：套餐4300日幣～ 需預約

增田稔明 主廚

1966年生於靜岡縣。在當地修業後，前往法國深造。在巴黎、里昂、蒙彼利埃工作3年後回到日本，在青山的「poireau」擔任主廚，2003年8月起獨立創業。以價格平易近人的套餐和貼心的服務廣受好評。

Chez Urano
春季野蔬前菜

全世界各地對日本料理的注目度日益增高。連走在最尖端的西班牙料理界、開始併棄奶油和牛油的法國料理，據說都是因為受到日本料理的啟發而產生變化。就這個層面來說，浦野健次郎主廚的法國料理，正是走在法國料理的最尖端。

「我們得到的評價很兩極喔。有非常喜歡、常常來光顧的客人，也有人認為這根本不算是法國料理。」

第一次品嚐浦野主廚的前菜，不由得為那股清淡涼爽的風格感到意外。只是直接把當季的蔬菜和魚貝類組合在一起……而已？

其實裡面低調地加進了筍子、百合根、玉簪、蜂斗菜等日本產的蔬菜。

「終究還是不想用高湯。所以改成用蛤蜊或自己店裡醃的培根來熬湯，去調製出基本的味道。雖然本質是法國料理，不過卻常常被人說是日式料理呢。」

譬如這道「春季野蔬燴蝦夷鮑魚　蜂斗菜風味」。在翠綠的空豆或柔軟的酒燜鮑魚、鬆軟的百合根之間，蜂斗菜的香氣撲鼻而來。浦野主廚所重視的是每種食材的香氣、味道和口感。追求頂級美味之餘，日本料理的技術就很值得借鏡。事實上，浦野主廚從十多年前起，就已經開始研究日式飲食的食材、菜刀的用法到如何引出食材的味道等等。

在法國料理中運用日式的食材，並非為了吸引人們的好奇，只是單純地想用自己認為好吃的食材，將料理的味道更上一層樓。將法國料理和日本飲食融合，浦野主廚所尋求到的成果，是真正國際化的美味料理。

剖析美味的設計！

[帆立貝嫩筍油菜花 雜燴]

晚間8400日幣套餐的前菜

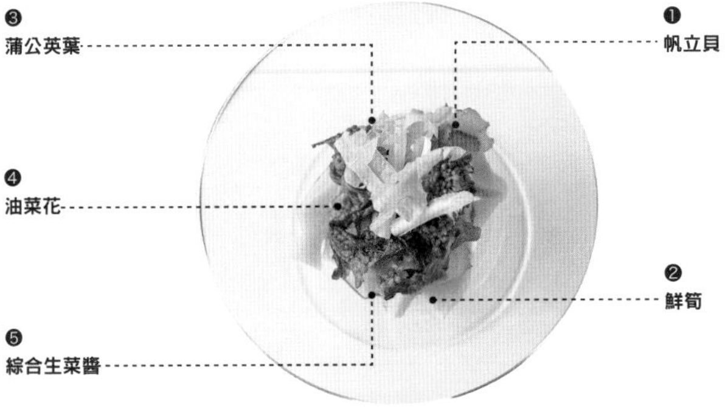

[春季野蔬燴蝦夷鮑魚 蜂斗菜風味]

晚間8400日幣套餐的前菜

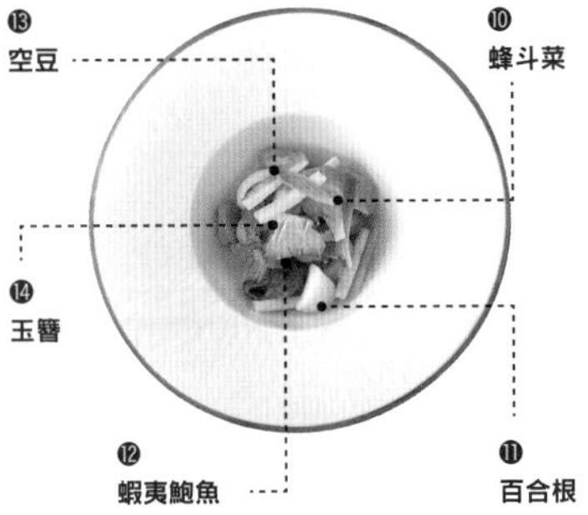

[手長蝦豆腐空豆炸方餅 佐芝麻葉湯]

晚間8400日幣套餐的前菜

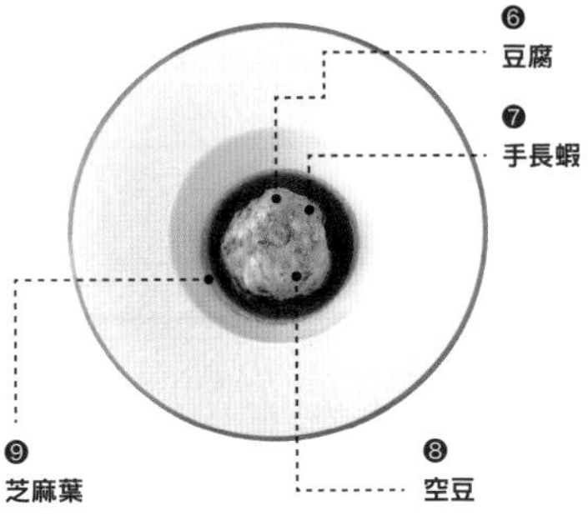

調製基本底味的重點

店內自製的培根

蛤蜊

用豬五花肉片用鹽醃成的培根。就是用店內自製的培根熬成高湯，使用於料理中。以動物性的高湯來做底味，是法國料理的根本原則，日本料理不可能採取這種做法。以魚貝類煮成的蛤蜊湯，則是法國料理、義大利料理都能用的萬能高湯。這兩種高湯都能醞釀出非常接近日式風格的味道。

蒲公英葉

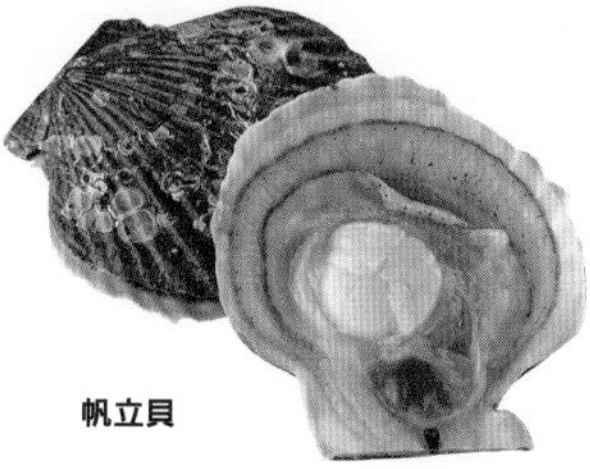

帆立貝

綜合生菜醬

油菜花

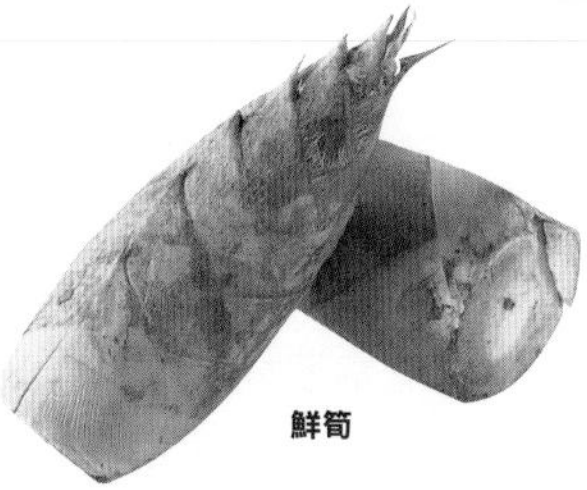

鮮筍

❶ - ❺

帆立貝嫩筍油菜花 雜燴

在兩面都烤得溫溫熱熱的帆立貝上，擺上綜合生菜醬（將嫩小黃瓜泡菜、刺山柑、綠胡椒等切碎調成的醬）把味道襯托出來。整體的味道由帆立貝的鮮甜和春季野蔬的苦味、生味融合為一。最後由柚子辣醬提升整體的香味。

蝦夷鮑魚

玉簪

蜂斗菜

空豆

百合根

❿ - ⓮

春季野蔬燴蝦夷鮑魚 蜂斗菜風味

碗底放上切開的蜂斗菜，配上春天新鮮的蔬菜、用日本酒蒸的柔軟滑嫩的蝦夷鮑魚，配上用蛤蜊和培根熬成的高湯。

芝麻葉

豆腐

空豆

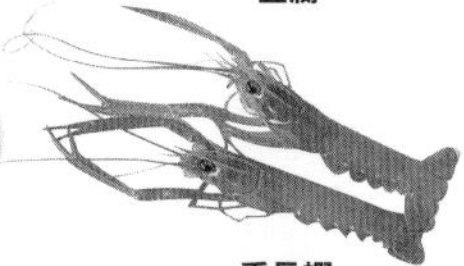

手長蝦

❻ - ❾

手長蝦豆腐空豆炸方餅 佐芝麻葉湯

壓碎的豆腐泥、手長蝦、空豆、筍乾、炒香的培根拌勻後炸成的方餅。將這道在日本料理中被稱為海老真丈的肉餅，配上芝麻葉的醬汁。

Restaurant information

地址：東京都港區虎之門3-22-10-104
Tel：03-3433-1433
營業時間：11：30～13：30L.O.、18：00～21：30L.O.
12：00～13：30L.O.、18：00～21：30L.O.（六日・國定假日）
公休：星期一
午餐：套餐2730日幣～
晚餐：套餐7350日幣～

浦野健次郎 主廚

在東京數家餐廳工作過後，至法國阿爾薩斯修習一年半。回日本後，於銀座「Restaurant Perignon」長期擔任主廚，之後於2003年獨立。對日式食材和料理方式很有興趣，以「日本創造出來的法國料理」為主題，確立出獨特的風格。

Ichirin

日本料理　一凜
甘鯛蒸蕪菁・白味噌蓮藕湯

初春的日本料理，不論是容器、擺盤都顯得鮮艷。冬天，也是感受視覺和味覺享受的最佳時期。

關西地區一到了冬天，不管哪家店都一定少不了這道料理。神宮前地區「一凜」的店主・橋本幹造師傅花費心思烹調的料理，就是這道蒸蕪菁。將冬季時甜度甚佳的蕪菁磨成泥，搭配食材，把裝在大碗中的高湯和蕪菁泥，澆上醬汁後蒸熟。

「我用的是大阪產的天王寺蕪菁，雖然京都的聖護院蕪菁較有名，但事實上那邊的蕪菁是從天王寺傳過去的。這種蕪菁的外形小，但味道十分細膩。蕪菁的味道能夠和高湯協調地呈現出來，非常理想。不過光要掌握這一點就非常困難了。」

高湯的鮮美和蕪菁的甜味，以及微微的生味，融合成一股圓融的共鳴。

「這就是今年的主題。」雖然是每年都會推出的菜色，調理的方法卻會隨之變化。今年改變磨的方式，以柔和圓融為主題。更重要的部份其實是山葵。香氣和甜味，如果不夠到位，先前努力的一切就全白費了。

白味噌蓮藕湯也一樣，看似簡單，但味道卻相當多樣化。磨碎的蓮藕泥，揉成像圓餅般，和帶有明確甜味的白味噌非常相配。橋本師傅的巧思，就在於其中悄悄地加進了小青江菜。雖然冬季的代表性蔬菜是小松菜或菠菜，但橋本師傅選的是青澀的爽脆口感。

基本原則不變，改以更繁複的手法加以變化，料理才能夠一步步地邁向更完整的境界。日本料理的深奧，就蘊含在這樣的精神中。

剖析美味的設計！

[甘鯛蒸蕪菁]

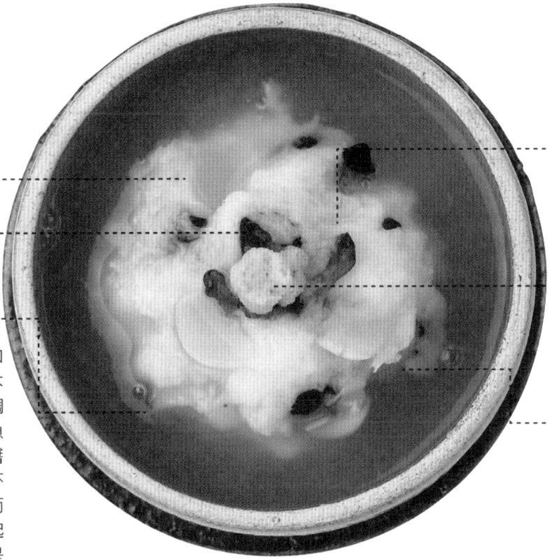

磨成糊狀的蕪菁，和百合根、銀杏、鮮木耳拌勻後，置於甘鯛上。接著再澆上鰹魚高湯和蕪菁打成的醬汁。最上方的山葵不是為了增添顏色，而是將所有味道串連起來的重要角色。這是1萬1000日幣主廚套餐中的一道菜。

[白味噌蓮藕湯]

白味噌湯中，可以看到用磨成泥的蓮藕和鹽、高湯一起做成的圓餅。裡面還加了胡蘿蔔、青江菜、整朵鮮香菇。這是1萬1000日幣主廚套餐中的一道菜。

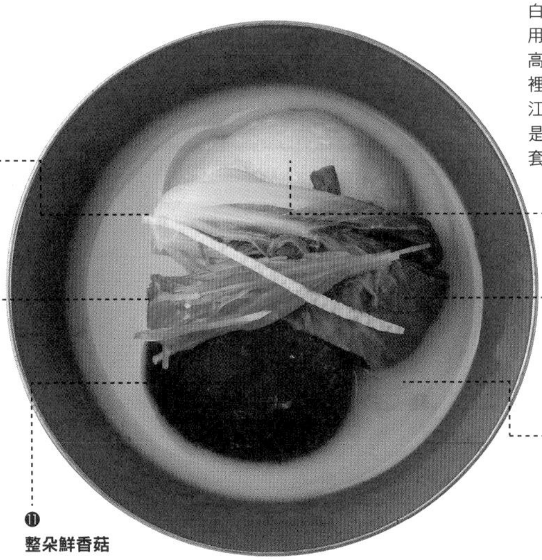

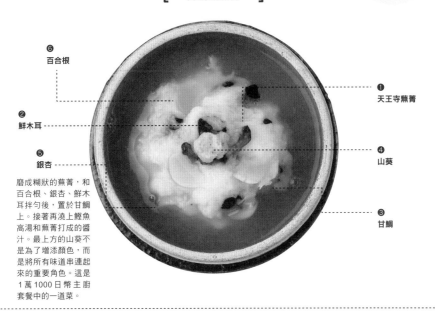

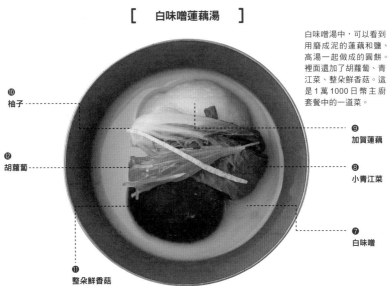

[日本料理　一凜／日本料理]

❶
天王寺蕪菁

大家都知道京都聖護院蕪菁的盛名，但它起源於大阪—天王寺蕪菁。外形雖然小，但磨成泥後，不但纖維細膩，柔和的味道也不會流失。

❷
鮮木耳

新鮮的生木耳，以類似膠質般細嫩彈性的質地為特徵。

❸
甘鯛

使用抹上鹽後放過一晚，已經入味的甘鯛。在關西料理中，可說是冬季魚類之王。

❹
山葵

鮮山葵的香氣是這道料理中的壓軸，如果味道深度不夠，等於浪費了其它食材。

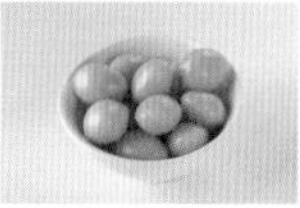

❺
銀杏

熱水燙熟後，展現出柔韌的口感和濃厚的餘味。

❻
百合根

體積較小、質地柔軟，吃起來鬆軟又夠甜。這次用的是來自北海道的產品。

❼
白味噌

由京都選購而來的白味噌。不會太甜或太膩的味道，帶來優雅的滋味。

❽
小青江菜

由於體積很小，所以快速汆燙一下就好，才能保留品嚐時鮮脆的口感。

❾
加賀蓮藕

磨成泥後，蓮藕的甜味反而更明顯。這就是加賀蓮藕的特色。

❿
柚子

來自德島的木頭柚子。每年都會特別再挑選出品質優良的柚子。

⓫
鮮香菇

從腐植木上直接摘採下來的大朵香菇。菇肉厚飽滿、香氣強烈。

⓬
胡蘿蔔

外觀呈鮮明的紅色，味道也很濃。在日本料理中，是調色時不可欠缺的食材。

Restaurant information

地址：東京都澀谷區神宮前2-19-5 AZUMA BULL 2樓
Tel：03-6410-7355
營業時間：12：00～13：00L.O.、18：00～21：00L.O.
公休：不定期公休（公休日的訂位需在三天前確定）
午餐：套餐5500日幣～（採兩天前預約制）晚餐：套餐1萬1000日幣～（採前一天預約制）

店主 橋本幹造

在大阪、京都的割烹（鮮食料理餐廳）長年工作，6年前受聘至東京的日本料理店擔任料理長。2007年7月起獨立創業。一心追求日本料理的本質。店內的現代風家具和照明，表現出走向新型態割烹料理店的目標。

Edition Koji Shimomura

Edition Koji Shimomura
糕點式豬血腸

餐廳是顧客們特地前去花錢消費的地方。因此，美味是理所當然的基本條件，而一家真正的餐廳，除了美味的餐點之外，還必須有某種特別的吸引力。要問什麼是特別的吸引力呢，像是美麗的擺盤或料理的趣味性就是元素之一。

「我認為料理的設計性必須更具遊興。因為美味已經是最基本的要求了。」在歐洲累積了耀眼經歷的下村浩司主廚，一向以獨創的特色料理聞名，經常推出令人為之驚艷的料理。

就拿這道料理來說，明明是套餐中的一道副餐，看起來卻像是裝飾了蘋果的巧克力蛋糕。即使用刀叉動手切開，觸感也完全是冰冷柔細的慕斯質感。一直到送進嘴裡，才驚覺原來入口的不是巧克力，而是彷如頂級肝臟般的沙沙口感，還有動物性的濃厚滋味。

「這是一種叫做黑豬血的法式小菜。用豬血和脂肪混合後灌成的香腸，有時也被稱為血腸，由於在法國這是被視為非常大眾化的食材，因此很少出現在法國料理中。不過味道非常棒，所以特別想用它來設計出餐廳能用的菜色。」

塑造出甜點般的造型，再用公認和豬血腸的味道最合的蘋果做裝飾。為了加強味道的層次，使用辣椒打成糊和粉末。不但遵循了傳統，同時也以出乎人意想之外的造型，帶來更多享用時的樂趣。就如同先前所述，設計也是品味一道料理時的一部份。而精於此道的餐廳，以現代的視點來說，說不定正是最合乎時代流行的設計性餐廳呢。

剖析美味的設計！

[糕點式豬血腸]

1萬3650日幣套餐的前菜

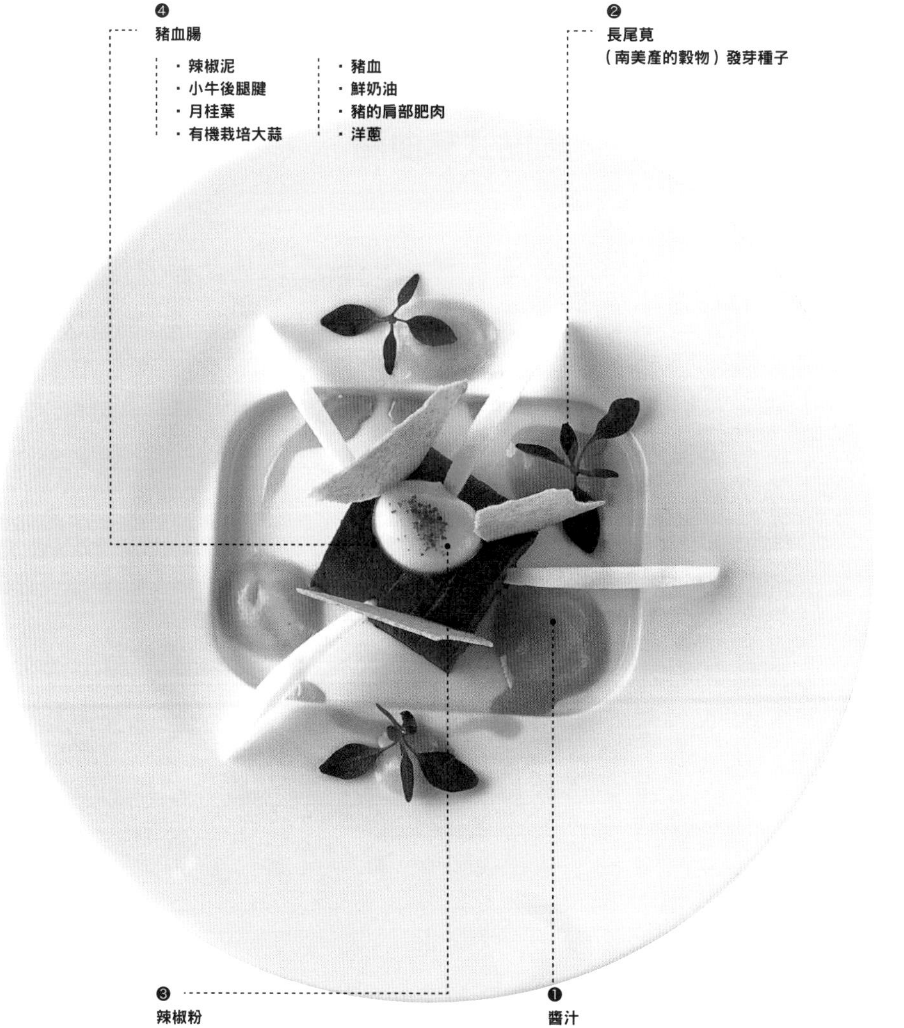

鮮奶油

豬血

辣椒泥

豬肩胛肉

小牛後腿腱

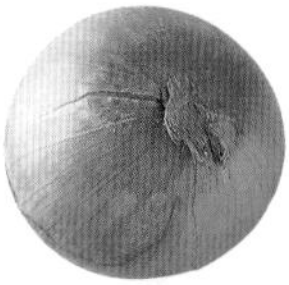
洋蔥

月桂葉

有機栽培大蒜

❹

豬血腸

本來這是用豬血、肥肉和鮮奶油混合後，依喜好加入洋蔥、大蒜、香辛料、辣味來調味後，灌入羊腸中製成的香腸。下村主廚花費4小時精心將牛的後腿腱熬至柔軟，切細後混入豬血腸中增加不同的口感。此外，加進法國南西地方生產的辣椒泥，也是相當獨特的手法。

紅玉蘋果

不但有明晰的酸味，口感也非常鮮脆的小型蘋果。經常用於製作甜點。

蘋果醋

將蘋果氣泡酒發酵成醋酸，來製成的蘋果醋。以圓潤的酸味為特徵。

❶

醬汁

用紅玉蘋果的果皮和蘋果醋混合後調出紅色的醬汁。果肉的部份則調成白色醬汁。

❷

長尾莧
(南美產的穀物)的嫩芽

安地斯山區的莧科穀類，以高營養價值聞名。這是利用它紅色的嫩芽來增添色彩的有趣手法。

❸

辣椒粉

產於法國西南地方Espread品牌的辣椒粉，辣味犀利，香氣也很強烈。

Restaurant information

地址：東京都港區六本木3-1-1 六本目CUBE 1樓
Tel：03-5549-4562
營業時間：12：00～13：30L.O. 18：00～21：30L.O.
公休：不定期公休
午餐：套餐6300日幣、1萬3650日幣（平日4200日幣～）
晚餐：套餐1萬3650日幣、2萬1000日幣（平日9450日幣～）需預約

店主兼主廚 下村浩司

22歲時遠赴法國進修。在「la cote dor」、「Bernard Loiseau」、「Troisgros」、「Guy Savoy」、「Gualtiero Marchesi」等法、義兩國的星級餐廳修習長達8年。2007年7月正式創業。採取和顧客當面商談套餐內容的獨特營業。

POTTERY

Le Sample
龍蝦禮讚

在法國料理的領域中，龍蝦毫無疑問地是最頂級的食材。

「鮮艷漂亮的顏色、甘甜的味道，具有強烈存在感的香味，光是一道菜就融合各種元素，不只是蝦肉好吃，連蝦殼都能拿來熬高湯。從頭到尾，每個部位都能充分使用，這對料理人來說，是不可多得的好食材。」

眼前的這盤料理中，正凝聚了菊池晃一郎主廚感動的心情，及對食材的心意。事實上，也可以說是將菊池主廚本身的料理人生濃縮在這一盤料理中。當年，菊池主廚為了學習法國料理前往洛杉磯，人生也為之起了莫大的轉變。他自己也沒想到，自己竟然就在洛杉磯工作了18年，期間自然受到了許多料理人的啟發。

「雖然凱撒沙拉是美式飲食中最代表性的沙拉，但義大利人教我的做法，是用帶苦味的紫包心菜來代替美生菜。」

大眾性的凱撒沙拉也能搖身一變，充滿成熟氣息，所散發的風味也令人耳目一新。在法國里昂修習時，學到的烤米餅和奶油風味烤龍蝦，也是他深具回憶的滋味。此外，用了龍蝦高湯的松露杯、龍蝦螯和鮟鱇魚肝、松露的黑包心菜捲等，以法國料理為根本，綜合運用各國特有的風味。

「第一次調製用龍蝦做主味的 sauce américaine 醬汁時，那份感動的心情永遠難以忘懷。這意思也是說，龍蝦就如同我料理人生的原點。」由國際性的經驗投射而成的料理，加上長年的經驗累積，在我們面前洋溢出自由奔放的創意。

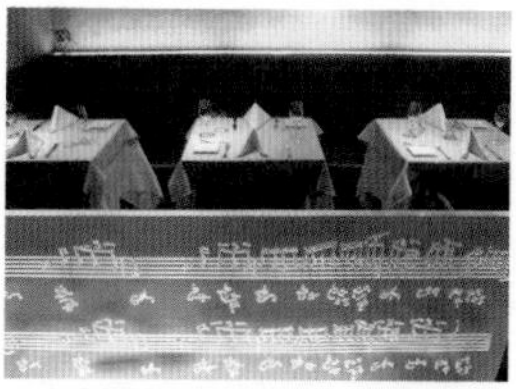

剖析美味的設計！

[龍蝦禮讚]

6300日幣～套餐中的一道（盤中的料理將各別裝盤）

❶ **龍蝦凱撒沙拉**
- 紫包心菜
- 雞蛋
- 馬鈴薯
- 帕瑪森乾酪

❷ **龍蝦杯**
- 濃湯
- 波爾多紅酒煮松露
- 雞蛋

❸ **龍蝦**

❹ **4.龍蝦螯和鮟鱇魚肝、松露的黑包心菜捲**
- 波爾多紅酒煮松露
- 黑包心菜捲
- 鮟鱇魚肝

❺ **龍蝦尾**

增添風味的橄欖油

油菜花

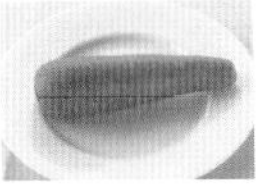
紅蘿蔔

橄欖油

油菜花燙熟後，用調理機絞碎加入橄欖油中。另外再搭上紅蘿蔔泥調成的鮮艷果汁。這是學習了加州實力派主廚—Thomas Keller所運用的蔬菜風味橄欖油。

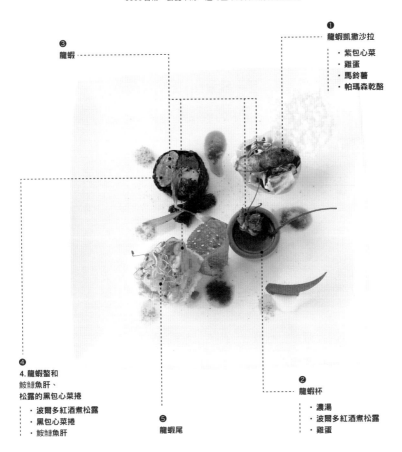

[Le Sample／法國料理]

❸

龍蝦

自美國緬因州空運至日本的高級品，新鮮龍蝦到店裡還是活蹦亂跳。

鮟鱇魚肝

黑包心菜捲

波爾多紅酒煮松露

❹

龍蝦螯和鮟鱇魚肝、松露的黑包心菜捲

黑包心菜（被稱為Cavolo nero的義大利蔬菜）燙熟後，把菜葉展開，放上熟鮟鱇魚肝、松露、龍蝦螯，最後捲成菜捲。

❺

龍蝦烤米餅

將米用水煮熟後，利用鮮奶油拌出黏性，填入蛋糕模中烘焙。在烤好的米餅上，擺上奶油風味的烤龍蝦。旁邊還有用龍蝦殼烤成的裝飾。

米

紫包心菜

帕瑪森乾酪

馬鈴薯

雞蛋

❶

龍蝦凱撒沙拉

紫包心菜也叫做紫萵苣，以苦澀的味道為特徵。把這種義大利蔬菜和龍蝦，淋上用蛋白調的醬汁做成沙拉。底下是用馬鈴薯、龍蝦殼和帕瑪森乾酪組成的烤底台。

雞蛋

波爾多紅酒煮松露

濃湯

❷

龍蝦杯

Flan是一種像茶碗蒸般的小點。先用龍蝦頭煮的高湯調製出濃湯，加入雞蛋、紅酒煮松露的酒湯後蒸熟。

Restaurant information

地址：東京都澀谷區東4-9-10
Tel：03-5774-5760
營業時間：18：00～22：00L.O.
公休：星期二・每月第1、3個星期三
午餐：2600日幣～
晚餐：6300日幣、1萬500日幣（聖誕節晚餐自12月23～25日1萬2600日幣）

菊池晃一郎 主廚

習得法國料理的基礎後，於1988年前往洛杉磯。在「La Boheme」首度設立海外分店之時，擔任首任主廚，於1992年獨立創業。擁有許多好萊塢名流熟客。其手藝大獲好評，曾榮獲南加州點心大賞第2名。回日本後於2007年6月開店。

MIRAVILE
鹹魚香 魚島產水煮真蛸冷盤

在海邊，章魚正扭動著觸手在嬉戲著。這般幽默的場景，現在正活靈活現地在眼前的盤面裡上演，這是都志見主廚才想得到的有趣點子。法國人厭惡章魚，似乎就是這種觸手鑽動的印象令他們感到不舒服，所以章魚是法國料理中絕不可能使用的食材。

「但是，這種章魚是由廣島送來的真蛸，觸手又長又柔軟，味道很好。因此想試著用它來設計晚夏時節的主菜。」主廚就這樣帶著快樂的心情，挑戰新的菜色。

和章魚交纏融合的是鹹魚的香味，那是一種魚乾經過發酵後製成的中式食材。散發獨特的味道，有幾分近似日本伊豆地方的醃魚。把切碎的鹹魚用紫蘇油炒出香味，再放入章魚稍加拌炒，加入白酒、雞肉湯底、香味較濃的蔬菜後，煮到章魚的肉質完全軟化。擺盤時還特地選了英國製的紫色碟子。

煮至熟透的章魚，在盤子上呈現出栩栩如生的模樣，再用煮章魚的湯汁凝成凍狀，配上烘焙過的紫蘇籽、炸蕃茄、紫蘇葉來做裝飾。運用章魚和蕃茄的同色系，呈現出來的配色更顯得別緻動人。

柔軟的章魚嚼在嘴裡，散發出陣陣海濱的鹹香（這是鹹魚經調理後昇華而成的香味）。蕃茄的酸味成了點綴的醬汁，加上紫蘇的顆粒感，簡直就像飛濺的水沫般令人心情舒暢。

法國和亞洲風味的融合，呈現出前衛藝術般的華麗擺盤。最後展現出來的，正是一盤能讓人愉悅賞玩擺盤設計，和味覺完美相乘效果的料理。

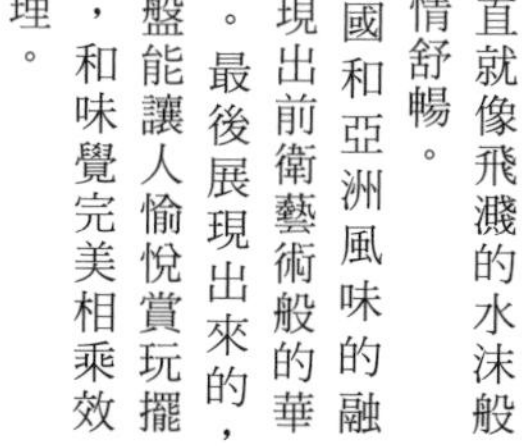

剖析美味的設計！

[鹹魚香　魚島產水煮真蛸冷盤]

晚間7000日幣套餐的主菜

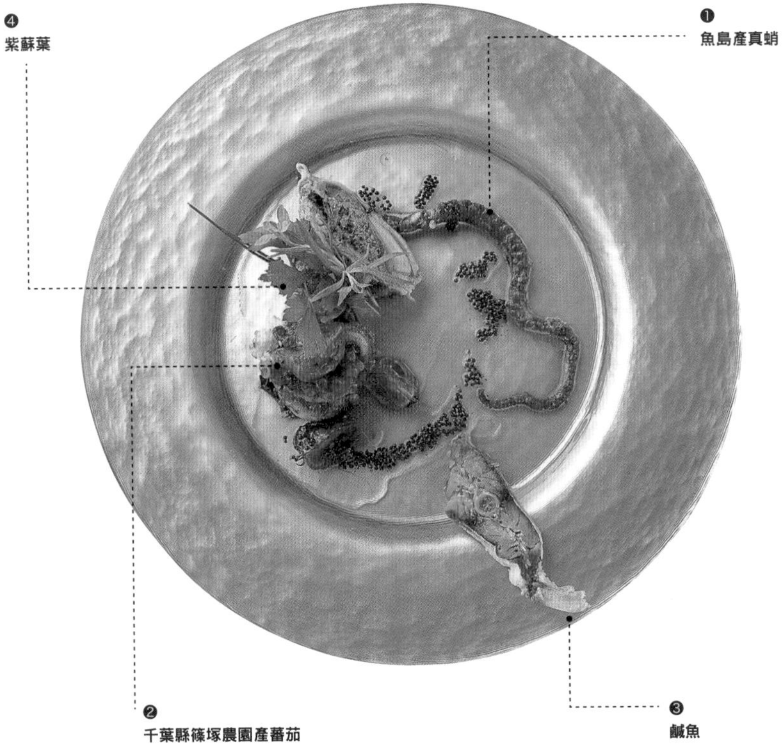

享受風味和口感	重點果然還是紫蘇油
 **烘焙過的紫蘇籽** 廣島縣比婆郡東城町生產。這是將紫蘇的種籽烘焙加工製成的食材。具顆粒分明的口感及香氣。用紫蘇油炒過後，香味會更明顯，也常被用來做醬汁。日本產的紫蘇籽非常少見，近來因為追求健康飲食的風潮而再度受到矚目。	 **紫蘇油「元氣」** 廣島縣庄原市東城町生產，採取避免成份劣化的萃取法，加以製成不經任何化學處理的紫蘇油。其中含有60%以上不易成為體脂肪的α次亞麻油酸，因此近來被視為健康油類大受矚目。以清澈不黏滑的質地為特徵。

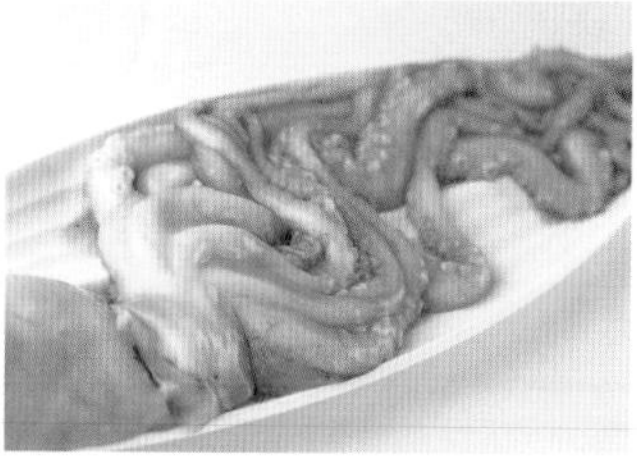

❶

魚島產真蛸

廣島縣的魚島以盛產章魚而聞名。尤其是觸手較長，直接下鍋煮也能從頭到腳整隻呈現柔軟肉質的真蛸。這次為了能完全引出章魚的真正滋味，使用較清淡的紫蘇油來炒過，再用白酒、雞肉湯底及蔬菜來煮透。特別是頭部，帶有豐厚的腦汁，甜味特別出眾。

❷

千葉縣篠塚農園產的蕃茄

「看到那裡的堆肥時，覺得那才是真正道地的東西。」都志見主廚說。大約一年前開始，主廚就很積極地引進篠塚農園的蔬菜。年輕的農園主人和主廚私交頗深，甚至到了特別為MIRAVILE開闢一塊專用田的程度。不只是蕃茄，目前還試種許多的蔬菜。

❸

鹹魚

中華料理中常用到的醃製食材。把魚的內臟除去後，用鹽漬起來再透過日曬等方式促使它發酵而成。大多使用白姑魚、鮸魚、斑鰶魚為食材。由於鹹魚的臭味濃重，鹽份也極高，所以常用少量的鹹魚來代替調味料。切得碎碎地加在飯裡炒成的炒飯，好吃得讓人上癮。

❹

紫蘇葉

和章魚一樣，從廣島縣送來的紫蘇。紫蘇的日文發音和芝麻非常相似，但這是紫蘇科的植物，和芝麻大不相同。紫蘇在日本打從繩文時代起就被人們廣泛食用，經常用來做為捲肉用的香辛配料，以紫蘇葉最受歡迎，送至都志見主廚店裡的，是大約和手一樣大的葉片，香氣特別濃。

Restaurant information

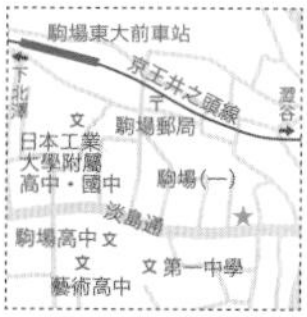

地址：東京都目黑區駒場1-16-9
片桐大廈1樓
Tel：03-5738-0418
營業時間：12：00～14：00L.O.
18：30～21：30L.O.
公休：星期三
午餐：套餐2500日幣、3900日幣
晚餐：套餐5000日幣、7000日幣

店主兼主廚 都志見Seiji

出身於廣島縣。27歲時赴法國修業，花了6年巡遊各地。回國後在東京都內的餐廳擔任主廚，直至2000年獨立創業。盡可能使用故鄉廣島的食材來表現法國料理。店內裝飾的繪畫全都出自都志見主廚的手筆，平日的興趣是繪畫和騎車。

RISTORANTE HONDA

RISTORANTE HONDA之Basque黑豬肉排
佐Marsala甜酒醬 搭配帕瑪森乾酪
焗烤白蘆筍

義大利料理，常被人批評主菜的魅力不足。因為不論是肉或魚料理，看起來大多都只是直接烤熟而已。義大利的小餐館的確多半是提供這類的簡單料理，但正式的餐廳可就完全不是這麼回事了。在正式的義大利餐廳裡，光憑主廚再多加三兩下功夫，馬上就會做出只有在正式餐廳裡才品嚐得到的高級料理了。

這道巴斯克黑豬肉排，經過本多哲也主廚不斷地從失敗中摸索後終於完成。一切都要從食材的選擇方法和前置作業開始。

「至今用了各式各樣的豬肉，終於才碰到讓我覺得『就是這個了！』的理想豬肉。」這是法國巴斯克地方產的黑豬。肉排的味道非常紮實，本多主廚還會再經過一道熟成手續後才使用。「花上兩星期左右來去除水份，黑豬肉就會散發出像火腿般的香味。」為了保留的風味，採取最簡單的嫩煎手法，配上春季的蔬菜和醬料。

搭配葉片呈苦味的義大利紅生菜、帕瑪森乾酪，以及具有輕脆口感的白蘆筍，及酸酸甜甜的Marsala甜酒醬。這樣的組合，馬上就能讓簡單的黑豬肉排襯托出超群的質感。細心堆疊得像地層結構般的配菜，外觀獨特，除了活力十足的義大利料理風格，在設計上更是走充滿遊趣的路線。

「讓客人品嚐當季的特色，就是我個人賦予的主題。不拘泥於義大利，我想融入世界各地的食材來表現出當季的美味。」

Ginori出品的盤皿，格調出眾，顯現出本多主廚對美的品味。

剖析美味的設計！

巴斯克豬肉排佐馬沙拉甜酒醬
搭配帕瑪森乾酪焗烤白蘆筍

1680日幣

❹ 馬沙拉甜酒醬
- 紅葡萄酒醋
- 馬沙拉甜酒
- 橄欖油
- 波爾多葡萄酒
- 小牛骨蔬菜高湯
- 豬碎醃肉醬湯

❶ 巴斯克豬肉排
- 百里香
- 大蒜
- 迷迭香
- 巴斯克豬肉

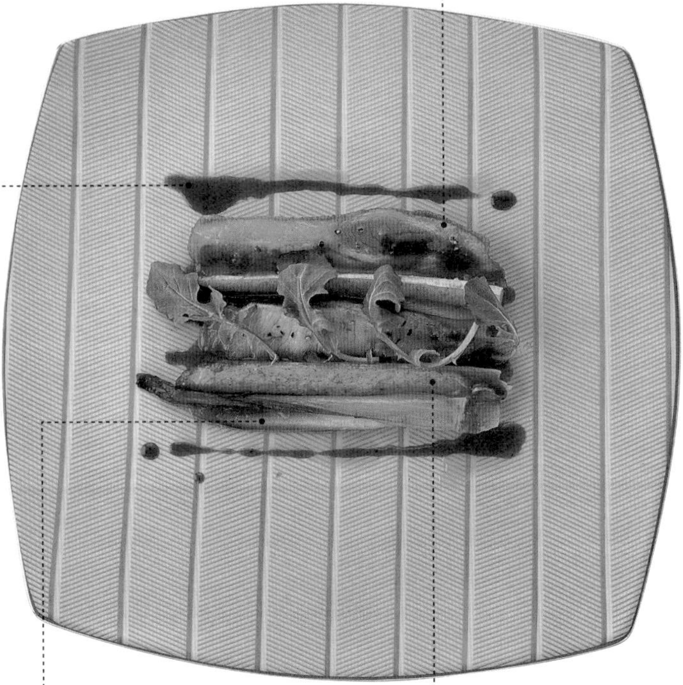

❸ 義大利紅生菜佐紅酒甜醋風味
- 義大利紅生菜

❷ 帕瑪森乾酪焗烤白蘆筍
- 白蘆筍

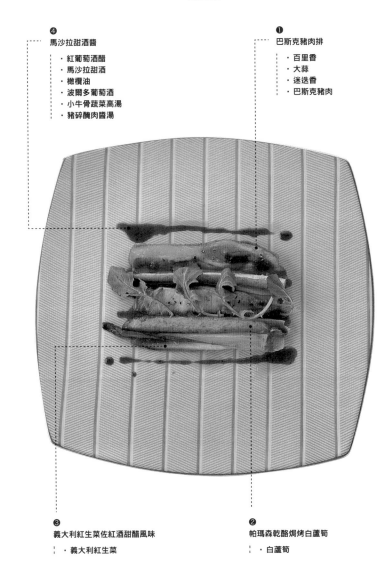

馬沙拉甜酒
義大利西西里島所生產的一種酒精強化酒。

紅葡萄酒醋
利用義大利本地原生Cannonau品種釀成紅酒，再製成酒醋。

波爾多葡萄酒
波爾多地區所生產的甜味葡萄酒。

橄欖油
義大利托斯卡尼地區所生產的特級橄欖油「Novizio」。由於利用冷凍的保存方式，新鮮度不會流失。

豬碎醃肉醬湯
豬肉的醃肉湯汁。

小牛骨蔬菜高湯
萃取牛骨的高湯。

❹

馬沙拉甜酒醬

馬沙拉甜酒、波爾多葡萄酒等甜酒和醋、牛油等，將能夠襯托出肉的鮮味的材料煮成醬汁，再用橄欖油強調出香味。

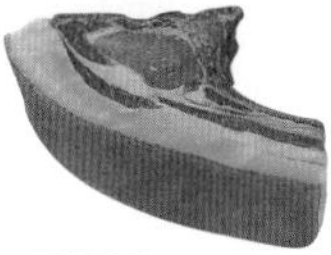

巴斯克豬
在法國巴斯克地方所養育的品種豬。和伊比利豬一樣是非常貴重的黑豬肉，受到各國料理界的極度注目。

百里香

大蒜

迷迭香

❶

烤巴斯克豬肉

用鹽、胡椒、大蒜、百里香、迷迭香等香料，煎烤約30分鐘。

法國Land產的白蘆筍

❷

帕瑪森乾酪焗烤白蘆筍

先將白蘆筍炒熟之後，覆上帕瑪森乾酪後烤得香酥誘人口味獨特。

義大利紅生菜
來自義大利的蔬菜，略帶苦味。

❸

義大利紅生菜佐紅酒甜醋風味

把這種紅生菜放入紅酒甜醋和大蒜調成的醃醬裡，浸到入味，然後在烤架上烘烤過。

Restaurant information

地址：東京都港區北青山2-12-35
Tel：03-5414-3723
營業時間：12：00～14：00L.O.、18：00～22：00L.O.
公休：星期一（遇國定假日順延一天）
午餐：套餐2940日幣～
晚餐：套餐7875日幣～ 需預約

本多哲也 主廚

在義大利托斯卡尼的名店開始學習義大利料理，後來又在法義其它地區進修，回日本後在西麻布「ALPORTO」工作6年。2004年時獨立創業。2007年獲米其林指南東京版1星評價。

Au Bon Accueil

Au Bon Accueil
蔥白鱸魚肉捲拌韮泥蛤蜊

法國料理，顧名思義也就是法國人所發明的料理。但是，一旦提到魚類料理，日本人所熟知的魚肉品味的方法、美味的程度遠遠勝過法國人。駒澤大學「Au Bon Accueil」的田中俊資主廚，對魚類料理也抱著一份特別的心情。

「即便是講究細膩性的法國料理中，大動作地用整尾魚來製作料理的例子也不少。不過，碰到調理大魚的時候，調理和呈現的方式難免就會單調化。日本各個季節都有特定的豐富魚產，日本人因為深諳其特性，所以在設計出具有特色性的魚類料理時，我第一次覺得特別佔了優勢。」

在此，田中主廚特別推薦的是鱸魚肉捲。鱸魚是夏天盛產的魚，能完整品嚐到鱸魚全身上下的美味，訣竅就在於鬆軟而多汁的呈現方式。用鱸魚片裹住奶油煮透的蔥白，外圍包上網脂（包在牛或豬內臟上的脂肪膜）。經火烤過之後，不但能夠將鮮美的味道封在肉捲裡，還能保留住多汁的鮮美口感。韮泥醬、蛤蜊和蔬菜等配料，也發揮出重要的效果。用蔬菜的特性來突顯出培根的濃厚口味，是這道菜色中頗為有趣的手法。

「要讓人第一眼就覺得這道料理匯聚了豐富的元素，但又有整體性。還運用獨特的做法，在韮泥裡加入了蛤蜊的高湯。」

另外，煮蔥白裡透澈的鮮奶油或牛油風味，確實地強調出法國料理的血統。一面烘托出鱸魚細緻的美味，加上不偏離法國料理根本原則的料理手藝，不正是日本人特有的感性嗎？

剖析美味的設計！

[蔥白鱸魚肉捲　拌韮泥蛤蜊]

晚間4600日幣～套餐的前菜

❸
沙拉

・野苘苣、細葉芹、義大利羅勒、櫻桃蘿蔔、時蘿

❷
蛤蜊、蔬菜等配料

・培根
・大蒜、紅蔥、紅色甜椒、黃色甜椒、茄子、櫛瓜
・蛤蜊（4～5月）
・貝類高湯

❹
蔥白鱸魚肉捲

・蔥白
・白色魚高湯
・鮮奶油
・鱸魚
・網脂
・牛油

❶
韮泥

・貝類高湯
・韮

野蒿苣、
細葉芹、
義大利羅勒、
櫻桃蘿蔔、
時蘿

❸
沙拉

將各種香草配飾在旁邊，供作調味用。

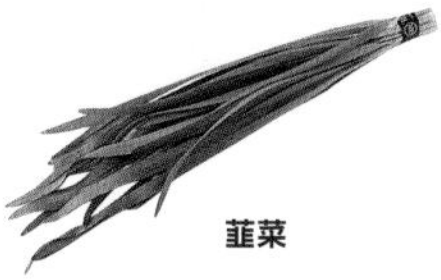

韮菜

貝類高湯

❶
韮泥

這個時節的韮菜帶有特別強烈的香氣，先放入調理機中打碎，再加進貝類熬成的高湯來調成醬。

鱸魚

蔥白

網脂

白色魚高湯

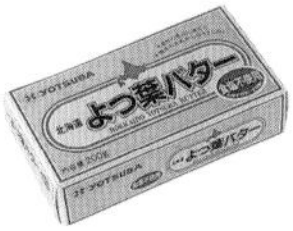

牛油

鮮奶油

❹
蔥白鱸魚肉捲

蔥白先用鮮奶油、牛油、白色魚高湯煮到入味。再用鱸魚肉片包住蔥白，外面再包上一層網脂後下鍋煎熟。由於加了這層網脂，讓肉捲能保住豐潤多汁的口感。

蛤蜊（4月～5月）

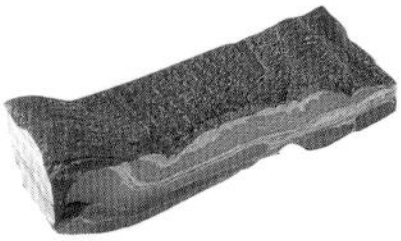

培根

貝類高湯

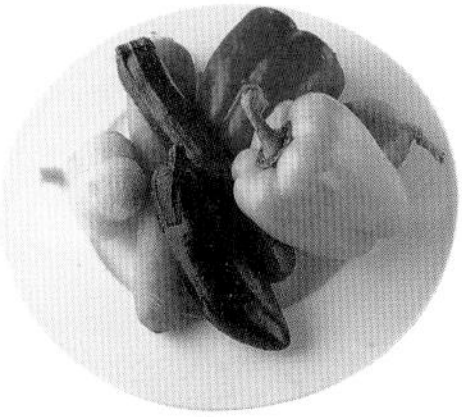

❷
蛤蜊、蔬菜等配料

蛤蜊用紅蔥和白酒蒸到開口。培根和蔬菜則全切成小段，加進貝類高湯後，在保留些許口感的前提下，稍加燉煮。最後把煮好的培根和蔬菜裝飾在蛤蜊上。

大蒜、紅蔥、
紅色甜椒、黃色甜椒、
茄子、櫛瓜

Restaurant information

地址：東京都世田谷區駒澤2-5-14
Tel：03-6661-3220
營業時間：11：30～14：00L.O.
18：00～21：30L.O.
公休：星期三・每月第3個星期二
午餐：套餐2600日幣～
晚餐：套餐4600日幣～

田中俊資 主廚

在大飯店中修習各類的西式料理後，受到自法國歸國的前輩影響，於是下定決心赴法深造。以巴黎為中心修業3年，回日本擔任青山「BENOIT」的工作人員，並任職醬料主廚。2008年10月獨立創業。

La cucina italiana Dal Materiale

Le cucina italiana Dal Materiale
第一前菜 三種季節時蔬拼盤

晚餐時分一入席首先端上桌的是小巧精緻的第一前菜，接著是三種季節時蔬。「這是為了讓顧客能充分瞭解我們的口味，所做的精心安排。」植村慎一郎主廚的理想，是在將自己的想法完整傳達之餘，還要能讓顧客能依喜好來享受料理。因此，先以低消1680日幣推出右頁的4道前菜。第一前菜是溫熱的蔬菜凍。拼盤則是托斯卡尼風的蕃茄醬汁煮麵包、西西里風燉時蔬料理、薩丁尼亞風的醃魚貝等等。主廚以現代風的形態所呈現的傳統料理，在眼前一字排開，視覺性十足。

「我認為料理時不能忘記要對義大利表達敬意，因此必須在顧客面前端出一道道的義大利代表性料理。但在這之外，一樣可以依照自己的喜好來表現出料理的特色創造不同的變化。」

植村主廚在這些一口前菜中，特別重視「香氣」。不只運用香草和柑橘類來增添料理口味的層次感，最後淋上的橄欖油，更是經過精心嚴選。像是具有衝擊性、以辣味為特徵的薩丁尼亞產橄欖油；香味低調沉穩、口感柔潤的普利亞產橄欖油；帶有柑橘系佛手柑香氣的托斯卡尼產橄欖油等等，共備有5～6種不同的橄欖油，供不同的料理使用。

此外，植木主廚的料理在味道上也濃重幾分。燉菜料理以豐厚的酸甜口感令人印象深刻，光吃上一口，就彷彿能感受到南方的陽光。這些一口前菜可不只是外觀美麗，竭盡心力想讓人感受到義大利精髓，正是植木主廚發揮渾身解數呈現出來的料理。

剖析美味的設計！

第一前菜 三種季節時蔬拼盤

1680日幣

❸
醃鮟鱇魚腸拌魚子醬

- 魚子醬
- 乾燥羅勒、橙子啤酒、刺山柑、橄欖
- 洋蔥
- 鮟鱇魚腸
- 佛手柑

❷
燉菜

- 洋蔥、芹菜、紅色甜椒、黃色甜椒、茄子、蕃茄、櫛瓜
- 大蒜、八角、芫荽、羅勒
- 松子、砂糖、李子
- 白葡萄酒醋
- 白葡萄酒

❶
蕃茄醬汁煮麵包

- 蕃茄罐頭
- EX橄欖油
- 大蒜、小黃瓜、麵包

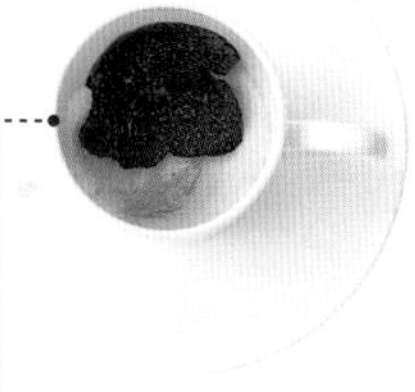

❹
季節時蔬菜凍拌黑松露

- 黑松露
- 雞蛋、鮮奶油、雞骨高湯
- 綠花椰菜、隱元豆

打造出底味的基本調味料

橄欖油

鹽

加熱後用於料理中的橄欖油，選擇產自托斯卡尼的純油「Sagra」，鹽是用西西里島「MOTHIA」。主廚曾經直接遠赴產地，看到包裝上所印的風車與鹽田後，大為感動。

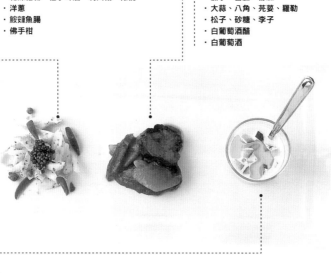

❶

蕃茄醬汁煮麵包

把硬梆梆的麵包放進蕃茄醬汁裡煮爛，屬於托斯卡尼的地方料理手法。配上切碎的小黃瓜來增加味道上的對比。同個品牌的蕃茄罐頭也會有較甜或較酸的差異，選購的時候都會特別注意產期」。現在用的品牌是Salleone罐頭。

大蒜、小黃瓜、麵包
EX橄欖油
蕃茄罐頭

乾燥羅勒、橙子啤酒、刺山柑、橄欖
洋蔥
佛手柑油
鮟鱇魚腸
魚子醬

❸

醃鮟鱇魚腸拌魚子醬

鮟鱇魚腸有種彈牙柔韌的特殊嚼勁。魚貝類口味的醃醬加進橙汁，是薩丁尼亞地區的料理風格。比檸檬更加芳美的香味，充滿了南方國度的氣質。植村主廚認為「要搭配魚貝類的話，橙汁會比檸檬更加合適。」最後用來提味的橄欖油使用帶著佛手柑香味的類型。加上豪華的魚子醬做為配料。

洋蔥、芹菜、紅色甜椒、黃色甜椒、茄子、蕃茄、櫛瓜、
白葡萄酒 白葡萄酒醋
松子、砂糖、李子
大蒜、八角
芫荽、羅勒

❷

燉菜

切得細細碎碎的蔬菜，在用橄欖油炒過之後，以白葡萄酒或白葡萄酒醋燉熟而成。西西里風以加入松子、李子等果實，調製得帶有甜味為特徵「西西里當地會用蜂蜜來加強蔬菜的甜味，但那樣味道太強烈了，所以我是用少量的砂糖來代替。」橄欖油也用香氣較沉穩的普利亞產。

❹

季節時蔬菜凍拌黑松露

小巧的杯中放入燙熟的綠花椰菜和隱元豆、雞蛋、鮮奶油、雞骨高湯，蒸成茶碗蒸般的菜凍。黑松露用在溫熱的料理中，香氣更是倍增。讓人能一邊品嚐滑嫩的布丁，伴隨著別緻的香氣。

綠花椰菜、隱元豆
雞蛋、鮮奶油、雞骨高湯
黑松露

Restaurant information

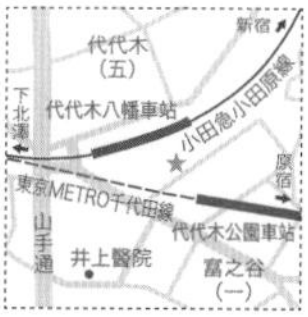

地址：東京都澀谷區富之谷1-2-11
Tel：03-3460-0655
營業時間：12：00～13：30L.O.、18：00～21：00L.O.
公休：星期一（遇國定假日則順延）
午餐：套餐1500日幣～
晚餐：以單點為主

植村真一郎 主廚

自滋賀縣於義大利的「Dal Pescatore」、「Gambero Rosso」等餐廳修業。回國後，先後在兩家餐廳任職，後於2006年獨立創業。以注重義大利道地口味為前提，精選日本的食材來表現出季節性。

OREXIS
帆立貝百味小點

在料理人的眼裡，每一種食材都蘊涵了無限的可能性。經由自身的經驗、知識和感覺，可以衍生出各種的表現方法。要用烤的、炒的，還是蒸的，不只是調理的方法，各種食材要怎麼組合搭配？能呈現出怎麼樣的口感？會有什麼樣的香氣等。腦海中浮現各式各樣的構想，再逐一過濾後，定出最佳的設計構想。有時候，也會有單一料理無法完整表現出構想的情況。

「OREXIS」的山本聖司主廚，表現出來的就是帆立貝的各種變化小點。圖片中左上方的是切薄的帆立貝夾住夏南瓜後，頂部再飾上用小黃瓜汁調的菜醬和魚子醬。右上方，則是在檸檬草的霜淇淋上，裝飾了用帆立貝肉泥烤成的餅乾底。靠左手邊前方是用低溫烙熟的帆立貝，配上煮檸檬皮、芫荽、黑胡椒調成的香辛料、檸檬果醬、紅心菠菜。右手邊前方的是打發後呈現出濕潤細滑口感的根芹菜慕斯和生帆立貝，組成像糕點的小點心，上面還用松露調成的植物香醋沙拉醬來襯出味道，從小點心的裝飾可見主廚對料理的用心。

「由於帆立貝本身帶有甜味，因此配上柑橘系、酸味的組合會很有意思，味道能發揮相輔相成的作用。希望顧客們能細細品味香氣和吞下之後的餘味。」

食材雖然一樣是帆立貝，但最後呈現時卻無法用一種方式表現得淋漓盡致，不禁令人讚嘆料理是一種讓人著迷的奢華藝術。美食之所以能打動人心，必然就是因為能深刻地挑起味覺及感官的緣故。

剖析美味的設計！

[帆立貝百味小點]

6825日幣套餐的前菜

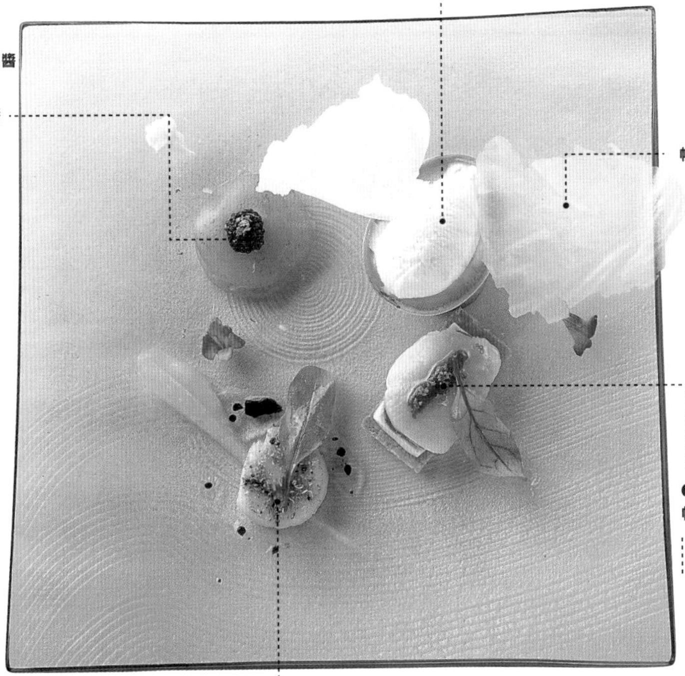

❶ **檸檬草霜淇淋配帆立貝塔**
- 檸檬草

帆立貝肉泥

❷ **帆立貝根芹菜慕斯**
- 根芹菜
- 松露

❸ **帆立貝佐小黃瓜果菜醬**
- 夏南瓜
- 小黃瓜、魚子醬

❹ **檸檬風味帆立貝**
- 檸檬
- 金針花、紅心菠菜
- 左起黑胡椒、芫荽、煮檸檬皮、鹽

營造味道和香氣的對比

巴薩米可陳年葡萄醋

檸檬油

法國的巴薩米可陳年葡萄醋，帶有醇厚的甜味，澄澈的酸味也很出眾。而義大利的檸檬風味橄欖油，則以柔和的香氣為特徵。這兩種食材都能夠在料理中發揮出襯托味道和香氣的效果。

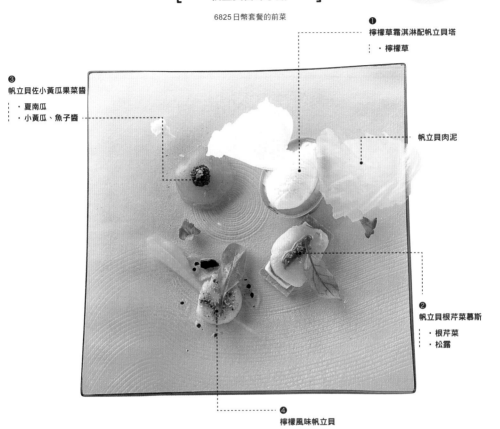

[OREXIS／法國料理]

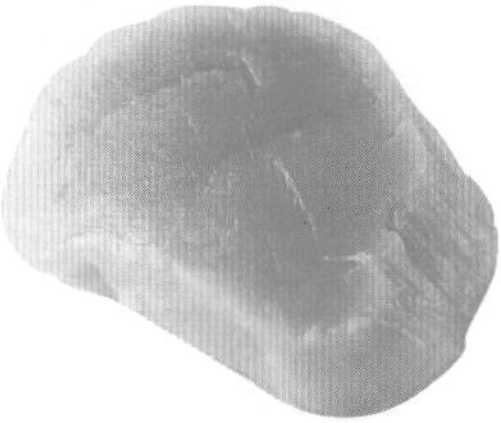

帆立貝

法國料理中，最受歡迎的貝類食材—帆立貝。肉質甘甜，單用燒烤、汆燙，甚至磨成泥、生吃等方式都很方便，是它備受歡迎的魅力所在。這道料理，正是以帆立貝為主題，創造出各種表現方式。

❶

檸檬草霜淇淋帆立貝塔

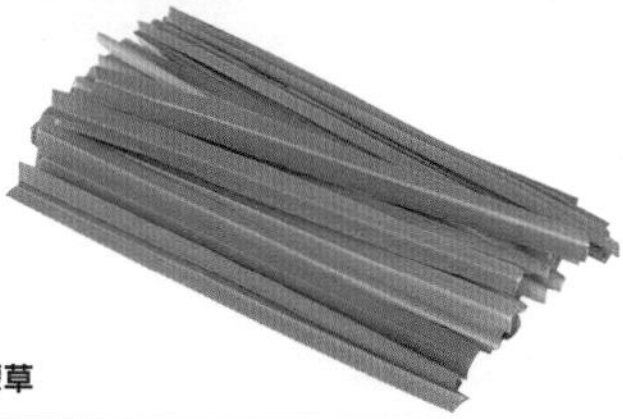

檸檬草

把檸檬草清新的芳香融入霜淇淋中，接著用帆立貝泥烤成的酥脆薄餅乾，像小鳥翅膀般裝飾在上面。帆立貝的香氣，加上微甜的清淡口感，呈現出點心般的享受。

❷

帆立貝根芹菜慕斯塔

根芹菜

松露

Celeri-rave又稱做根芹菜，是芹菜的一種。聞起來和吃起來都和芹菜無異。把根芹菜泥打發呈慕斯狀，和帆立貝一起放在派皮底上。松露和沙拉醬，則能增添幾分與眾不同的香氣和味道。

❸

帆立貝佐小黃瓜果菜醬

小黃瓜、魚子醬

夏南瓜

夏南瓜鑲嵌在生的帆立貝中，上面再加上用小黃瓜汁調成的果菜醬，最後再飾上魚子醬。生鮮帆立貝和果醬融合而成的口感，使人格外感到享受。夏南瓜燙熟後會呈現素麵般細細的纖維狀。

❹

檸檬風味帆立貝

左起黑胡椒、芫荽、煮檸檬皮、鹽

金針花、紅心菠菜

檸檬

低溫烙熟的帆立貝，加上檸檬果醬或煮檸檬皮。最後飾上香辛料或香草類食材。這是在傳統的搭配中，加進創造性風味的料理。

Restaurant information

地址：東京都港區白金2-3-3 Calmcourt白金高輪1樓
Tel：03-5918-8311
營業時間：11：30～13：30L.O.、18：00～22：30L.O.
公休：星期一．每月第二個星期二（遇國定假日營業）
晚餐：套餐6825日幣～
www.orexies.co.jp

山本聖司 主廚

在「L'ecrin」、「The Georgian Club」等頂級法國料理餐廳工作，於2007年4月轉任「OREXIS」主廚。「我對品牌化的食材沒有興趣，比起名牌，我更注重的是紮實的手藝和道地的法國料理風味。」

第三章 地方餐廳

~為品嚐美味料理遠赴他鄉~

這是個人們高唱地區生產、地區消費的時代。
都市之外的地方地區益發受到注目。
豐饒的地域並非僅限於都市，各地方也擁有許多豐富資源。
剛採收下來的新鮮蔬菜、當季盛產魚貝類。
豐富的食材、獨特的風土環境，在這樣的條件下烹調料理代表什麼呢？
在本章中，將介紹令人不惜遠赴他鄉品嚐的料理、
與當地的人們邂逅、親身探訪自然的風土環境。
長年以來隨著土地一同邁向前方的餐廳、
從都會中遷移至原鄉土地的店家。
各別反映出土地本質的料理，魅力獨具。

※致各位讀者
本章所收錄的專欄，轉載自日本《Discover Japan》（2008年VOL.1～2010年VOL.8）的連載單元，加以校潤與修改而成。料理菜色為當時採訪所獲得的資訊，現今的供應菜色或許有所改變，細情請洽詢各店家。

石川縣石川郡

壽司處Mekumi

石崎的蝦蛄

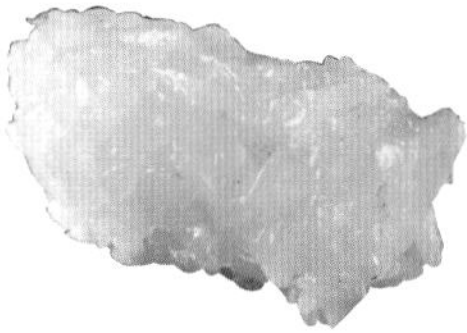

富山白蝦

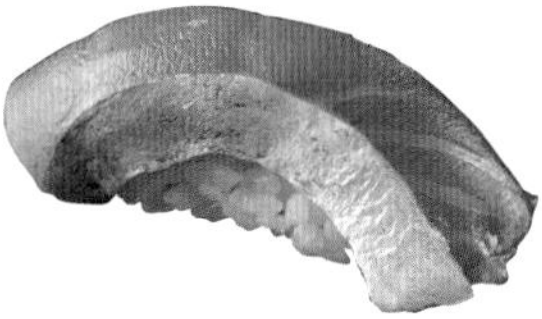

牛出津的櫻花鱒

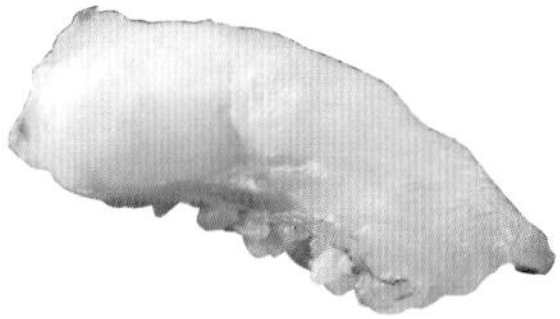

七尾的石狗公

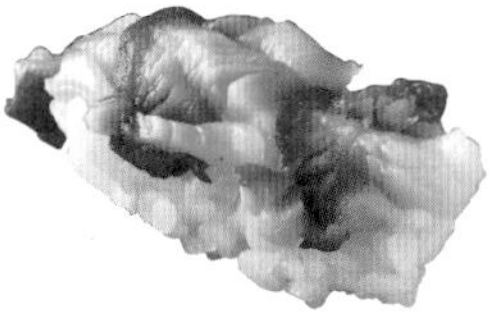

能登島的紅皺岩螺

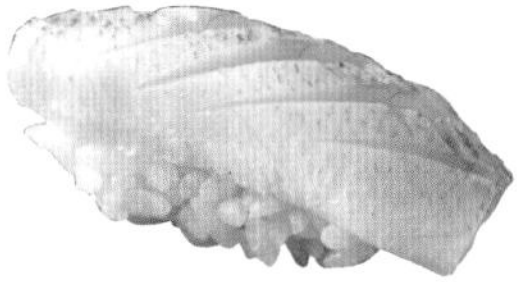

能登島的青沙鮻

牛出津的下鱵魚

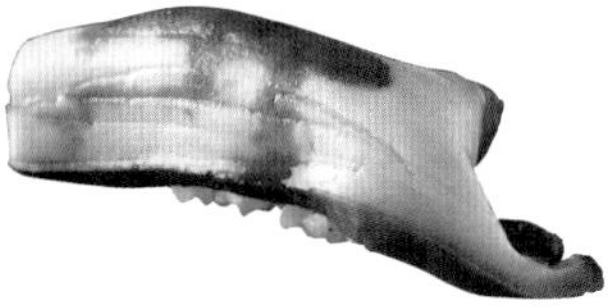

牛出津的鮑魚

石崎的斑節蝦煎蛋

石川縣能登半島地區的魚產壽司

這些全都是當地產的魚貨。香味濃厚的蝦蛄，白蝦用昆布封過，把豐潤的甜味濃縮起來。櫻花鱒有著柔韌的質地、石狗公的香味令人讚嘆、紅皺岩螺口感結實富彈性、細緻的青沙鮻、味道清澈的下鱵魚等。牛出津鮑魚豐厚的香氣出眾，花上好些時間加以蒸熟的手藝，是山口師傅的獨門功夫。融入斑節蝦肉泥的豪華煎蛋，吃起來鬆鬆軟軟的，像舒芙蕾一樣入口即化。

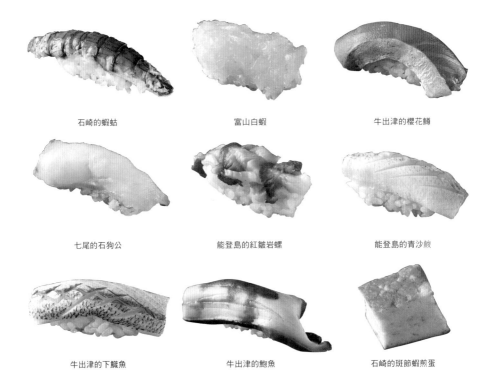

吧台備有7個席位。偌大的暖簾，連輪椅也能輕易地通過。夫婦倆都擁有從事看護工作的經驗。同時因為是石川縣第一家獲得優秀無障礙空間獎的壽司店，成了一時佳話。

說到金澤地區，當地以擁有許多知名的壽司店而聞名。「壽司處Mekumi」位於距離市中心約20分鐘車程的地方，在為數不少的店家裡可說是大放異彩。店主山口尚亨，在東京修業近10年，在8年前偕妻子由惠女士獨立開店。

「當初覺得只要到中央市場去，就能取得自能登半島剛捕上來的頂級魚貨。」附帶一提，這裡的頂級魚貨都會空運至東京築地去。偏偏又是還沒建立起信用的新壽司店，即使下了訂單也沒人願意出貨，到最後竟然買不到理想的海鮮食材。「明明有想要的頂級食材，卻偏偏買不到，實在讓人很不甘心。」於是山口師傅驅車前往車程1小時的七尾市場，直接去找剛從海裡捕撈上來的魚產，當天，他買到了心目中理想的頂級魚貨。更不辭辛勞地前往單程就要2小時的能登町牛出津，採購鮑魚、貝類等稀少的食材。漁民們會補到哪些魚類，過了8年的時間，心裡也大概有底了，在金澤當地，以這種方式採購食材的人，也只有山口師傅了。

不只是魚，壽司本身就有其獨特的個性，也就是壽司飯的特別口感。米飯的粒粒分明，還能和魚肉的鮮美滋味融合，最後完美清爽地融入在口中。這裡的米，用的是宮城縣產的「Sasashigure」品種，這是將公認最適合製作壽司飯的「Sasanishiki」培育出來的原生品種，一般市面上並無流通。將珍貴的Sasashigure用熱水炊熟，這是山口師傅當年修行的銀座名店──「Hokake」所講究的製法。在東京，會用熱水來炊米的店家少之又少。壽司的類型、米的品種、炊製的方法，一道道製法的堆疊下，山口師傅的壽司才逐漸成型。

將牛出津的鮑魚送入口中，其美味難以言喻。這是耗費10小時來蒸熟的鮑魚，長時間加熱下，鮑魚的肉質轉化成柔嫩細膩的膠質。

香味也濃郁撲鼻，在至今所品嚐過的鮑魚中，可說無可匹敵地美味。可是，山口師傅還一臉遺憾地說：「房總的鮑魚比這更好吃哪。」這麼一句話可真叫人傻眼，地方性的店家果然有不可多得之處。「本地的東西最棒了！」這種熱情大家都能瞭解，但那也只是佔

握壽司中稀有的
燒烤黑嘴魚

脂肪豐厚的黑嘴魚類，烤過後更好吃，這是山口師傅的堅持。

長途跋涉採購魚貨的意義，吃了就知道

富山名產
白炙螢烏賊

季末時才有的螢烏賊。螢烏賊，稍微在燒烤過就能呈現絕佳香味。

了地利之便。料理人必須擁有能夠分辨出真貨的銳利眼光，山口師傅正是擁有獨到的眼光。也因此，千葉產的特大鮑魚、當季的頂級鮪魚、日本產的最高級海膽，無論如何也能從築地採購到。

七尾的石狗公、蝦蛄、富山的白蝦、牛出津的櫻花鱒、石崎的斑節蝦等，從4月20日起到5月底，有特大號的鳥尾蛤、8月的兩個星期裡有夢幻般的稀有海膽，蘊含著許多豐饒的寶物。

現在店裡的顧客有7成來自外縣市，其中的8成又來自關東圈，也就是東京地區。饕客們之所以千里迢迢地造訪這家店，就是因為壽司的頂級品質。「我想捏出讓人聯想起大海的壽司。」山口師傅這麼說。品嚐著能登大海的珍味，深深為江戶前的精神所傾倒。

夢幻般大小的
海鼠子

將能登的名產—海參的卵巢風乾後製成的食材。這是由一位75歲的老婆婆手工加工的特大海鼠子。

自築地採購最頂級的
海膽和鮪魚

北海道的海膽、當季的鮪魚，全都從築地進口。鮪魚是從東京都內只供應給高級壽司店的「石川」進貨。現在這時期最好吃的鮪魚是來自九州。不加海苔，直接以手握成的海膽，和Sasashigure的壽司飯混合之後，儼然是一份在口中成型的「海膽丼」。

Restaurant information

Access
電車／JR線野野市車站車程10分鐘
開車／金澤市內自小松機場走190號線縣道矢作・松任線近下林西交叉口處

地址：石川縣石川郡野野市町下林4-48
Tel：076-246-7781
營業時間：採預約制
公休：星期一
午餐13～14貫8000日幣，晚餐16～18貫1萬3000日幣，搭配下酒壽司1萬6000日幣
席數：吧台7席（店內為無障礙空間）

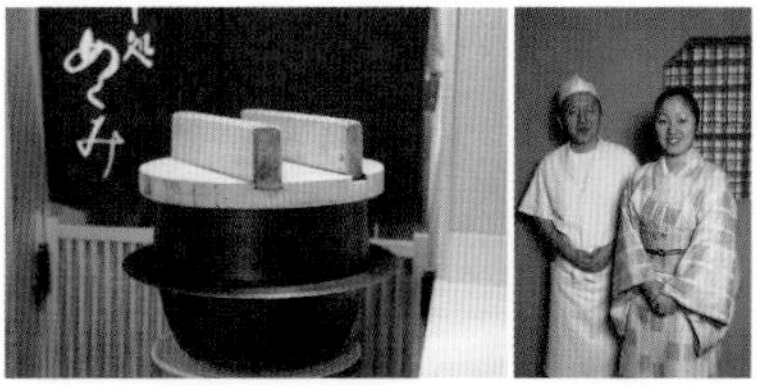

右）山口老闆與夫人由惠合影，女主人的服務周到無微不至，包括料理的前置作業與調理也會親手幫忙。老闆說：「斑節蝦的烹煮方式，還是女主人比較厲害。」左）壽司飯都是用圓柄鍋來炊煮。

長野縣北佐久郡御代田町

CAFE DE MAROC

塔吉鍋

現在日本正大為流行的塔吉鍋料理。材料為糖煮梅子和燉羊肉，加入大量的小茴香來品嚐。整體帶甜的調味方式，特地為了讓日本人也能吃得順口而稍加調整過。

上）脫掉鞋子換上Babouche（摩洛哥的傳統皮拖鞋）後，才步入店中。聘請當地的業者依照片繪圖，幾經辛苦之後的結果，成功地打造出摩洛哥風格的家庭裝潢。左）在陳設了雜貨和衣服等商品的店面深處，是有著美麗磁磚和石灰粉刷的廚房。

明明查過地圖、也事前打電話問過，卻還是一樣迷路了。好不容易在樹林間找到這幢白色的家園時，不可思議的旅途也就由此展開。走進完全仿照摩洛哥並加以重現的建築物中，不由得發出讚嘆。美麗的吊燈、顏色繽紛的雜貨，碩大的傢俱等等，全都是由摩洛哥運來的真貨。播放著擁有讓人一聽過為之入迷的摩洛哥音樂，室內空間也飄散著異國的氣息。但是，最搶眼的無非是越過窗台，一望無際的花園和農田景觀。「第一次來這個地方時，一眼就愛上了這裡。這裡的景色，很像是被摩洛哥伊芙蘭，就像是日本的輕井澤般。」店主梅川慶子女士慢調斯理地說著，眾人也跟著神往起來。

梅川慶子女士生於大阪，一向就特別喜歡烹飪和烘製糕點，21歲時至倫敦的藍帶學校（Cordon Blue）留學。某一次，偶然愛上了旅行時造訪的摩洛哥，「如果不是正在念書，真的是想馬上就搬到摩洛哥去住呢！」在職業訓練學校的1年2個月期間，習得料理的基本技術，在寄宿家庭中學習家庭料理。接著回到倫敦後再度於Cordon Blue完成糕點和料理課程，同時在時髦的摩洛哥餐廳工作3年，以點心師傅的身份活躍於廚房。原本是前往杜拜的旅行，偶然在回日本時造訪這塊土地，卻大大地扭轉了她的命運。在此體驗了美味的蔬菜和悠閒的生活步調，梅川小姐想在這裡烹調出摩洛哥的料理。耗費了十幾個月才打造完成的這塊家園，於2007年開始營業。

說到摩洛哥料理，指的就是用塔吉鍋燉出來的料理和庫斯庫斯(Couscous)。「這種羊肉梅子塔吉鍋其實是婚禮用的料理，糖煮梅子和煮透的羊肉調得甜甜的，比較能迎合日本人的喜好。」庫斯庫斯是一種用粗麥粉做成的顆粒狀麵食。但是，這裡的庫斯庫斯有點不一樣。摩洛哥的吃法是湯較少，用煮爛的蔬菜和麵粒和著一起吃。這種層層疊疊、軟軟韌

在悠然閑適的氣氛中體驗摩洛哥風情

主廚套餐5250日幣（有P174介紹的塔吉鍋以及下列料理，附飲料。最晚需前一天預約）

風味湯品

加入雞、蔬菜和豆子、麵、雞蛋的湯。蔬菜經長時間燉煮，已經呈現軟糊糊的狀態，這是在伊斯蘭教齋戒月期間，夜晚所飲用的湯品。

庫斯庫斯

主廚套餐中包括手工製作的庫斯庫斯，更增添幾分摩洛哥風味。這道料理中，留存了大量蔬菜的天然甘甜。

韌的口感，再配上蔬菜的甜味和清爽感，融合成非常柔和順口的滋味。「眼前的農田和附近賣場所提供的蔬菜都很好吃，讓人非常慶幸呢。」不可多得的新鮮，從輕脆的萵苣和Argand'Or（用撒哈拉沙漠中的Argan樹果實中，萃取出果仁，是非常罕見的油）的組合中就可以感受到。結合了新鮮的信州蔬菜和摩洛哥最高級油，用貴族等級的食材呈現簡單直接的好滋味。

用完餐後，在天台品味一杯散發著淡淡香氣的薄荷茶，讓人完全無法想像此時此地竟然是身處日本。梅川女士讓顧客們體驗到的，不只是摩洛哥的食物風味，而是穿越時空的旅行。如果說「在信州的鄉下地方，看見了摩洛哥的海市蜃樓」，各位會不會相信呢？

主廚套餐最後上的是薄荷茶和點心。今天的甜點是附了椰子冰果凍橙子水的Panna Cotta義式奶酪。摩洛哥的餐具都繪有金色的花紋，美麗非凡。薄荷茶用的薄荷也是在自家庭院中栽培而成。

從麵包到點心全部都由梅川女士一個人獨力完成。這裡是依季節、時間會呈現出各種魅力的地方呢。

沙拉

蕃茄、紫洋蔥、萵苣，淋上Argand'Or油和鹽、胡椒所製成的簡單沙拉。萵苣的味道強烈得令人驚訝。

前菜

今天的菜色由左起是蝦子卡納非捲（Kanafeh），摩洛哥風起司春捲和香菇春捲。優格醬用來做炸蝦的沾醬。

Restaurant information

Access

電車／信濃鐵道御代田車站車程10分鐘
開車／經由上信越公路碓冰輕井澤IC，輕井澤BYPASS環外道路20分鐘

地址：長野縣北佐久郡御代田町鹽野3247-13
Tel：0267-32-2327
營業時間：11：30～14：00L.O.、18：00～20：00L.O.（晚餐需最晚前一天預約，2名以上）
公休：1月中旬到3月中旬。星期四（8月期間無公休）、1、2月休
※不提供刷卡服務

這附近跟輕井澤那樣的觀光地不同，平時非常靜僻，人們大多都是為了要享受悠閒的用餐時光而來。只要事前預約，有時可以在這天台上消磨將近4小時呢。

長野縣佐久市

YUSHI CAFE

吐司拌菜園生菜沙拉

料理由高塚店長的妻子負責調理。麵包也是歷經許多嘗試後，才終於調整出具有爽脆口感的吐司。搭配P180介紹的季節湯品和咖啡共970日幣。

職人館

根莖蔬菜配八丁味噌醬

白蘿蔔、紅蘿蔔、蓮藕、牛蒡、水芋等等，各種根莖類慢慢熬熟後，澆上味噌醬。連同P182～183的料理，組成季節特餐，4200日幣。

季節湯品和天保堂咖啡

今天的湯品是甜菜根湯，使用大量當季時蔬來熬煮。咖啡單點為350日幣，也有單賣咖啡豆，「天保堂」是以前古董店的店名。

金川農園
果醬吐司

塗上厚厚一層藍莓和草莓果醬。來自大自然的甜、酸味美味無比。400日幣

完全採用當地食材來料理（YUSHI CAFE）

美食經常位在都市的中心地帶。經濟和美食間的緊密聯結，在歷史上已有無數證明。但是，如果從根本上去重新思考「什麼才叫美食」的時候，就會出現不同的答案了。這次，要藉著信州、望月地區兩家店來介紹的，不是以「高度的技術和奢華的食材」打造成的美食，而是「自然的、不經加工的」樸實美食。同一驅車前往長野縣的佐久市吧。

在令人身心紓緩的空間中悠閒地享受當地美味

首先目標就是「YUSHI CAFE」。自佐久INTER下交流道後，車程約20分鐘。從國道轉進小路後，可見一家看似平凡無奇的民宅。試著推開了大門，一句「歡迎光臨」，反而使人有點不知所措起來。接著定睛環顧四

自家製司康

用當地產的小麥粉烤成的司康。具有鬆軟紮實的口感，不妨沾上滿滿的鮮奶油。380日幣

荻園養蜂園的蜂蜜和胡桃麵包

蜂蜜來自當地的養蜂場。麵糰中和有胡桃的鄉下手工麵包，可以沾上大量蜂蜜品嚐。400日幣

店主高塚裕士，今年32歲。雖然還很年輕，但氣度卻是與生俱來。對當地的人們來說，是十分受倚靠的存在。

緣廊、欄間、壁龕、外門板等，昭和年間的木工精緻手藝完整保留了下來。「我不懂古董價值，但都是祖父的物品，或是當年古董店裡的東西。」

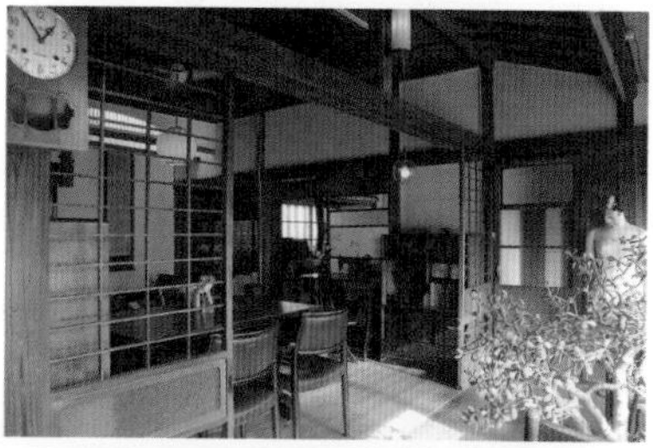

Restaurant information

YUSHI CAFE

帶有清爽後味的自家煎焙咖啡，以及運用當地的食材來烘烤的吐司、糕點等等。店內供應給顧客的是簡單的菜色，以及悠閒的時光。

地址：長野縣佐久市協和2379
Tel：0267-53-1043
營業時間：9:00～19:00
公休：星期三
席數：吧台7席
座位 20席
www.yushicompany.com/yushicafe

右）自國道第一條岔路轉進住宅區。不論怎麼看都只覺得是普通的民宅。中）這是委託鈑金工人佐藤先生，特別打造出來的象牙色暖爐。左）永遠照得到陽光，明亮溫暖的店面。

周，默默地吃了一驚。彷彿電影中刻意打造出來的場景一般，寧靜而懷舊風格的的空間，正活生生地重現在人面前。店主高塚裕士正處在這幅景象中，親切地微笑著。

「昔日這裡是我祖父的古董店和住宅。稍微改造一下，就成了現在的咖啡廳。」

高塚先生出生琦玉。小時候經常來這裡找爺爺玩耍。等到學校畢業之後，踏上音樂人的道路。

「經常會有這類的例子，當時承受挫折後，在東京改當上班族。不過，心底總覺得有種不踏實的感覺。」

對於自己擁有的東西，想用某種方式表現出來的心情日益強烈，想要以自己真正的本質和人接觸，因此才輾轉想到將這裡改建成咖啡廳。

由於老家已超過50年的

令人瞭解到自然的偉大和人類的創造力（職人館）

人參雞湯

用當地放養的雞隻、零餘子、紅棗、山椒葉、高麗人參一起熬煮。湯和糯米裡，飽含了鮮美的精華。

屋齡，得到當地人的協助，細心地做了一番整修與改建，5年前開始營業。如果要開和東京鬧區般的時髦咖啡廳，一切就沒有意義了。要想辦法結合當地的特色，這就是高塚先生的想法。因此店內連端出來的每一樣東西，全都堅持使用當地生產的食材來製作。

「製作麵包的小麥粉，也是用草笛農園種植的南方小麥。帶回家後，親手烘烤成麵包。」

果醬來自金川農園開立在小諸地方的果樹園；蜂蜜則從荻原養蜂園取得；蔬菜就都由當地的草笛農園供應。外加季節湯品、菜園沙拉、吐司、咖啡，套餐定價為970日幣。乍看之下，平凡無奇的套餐內容，卻濃縮了這片土地上的所有精華。甜菜湯帶來的溫暖甜味，

鮮奶油
蔬菜香菇
蕎麥湯

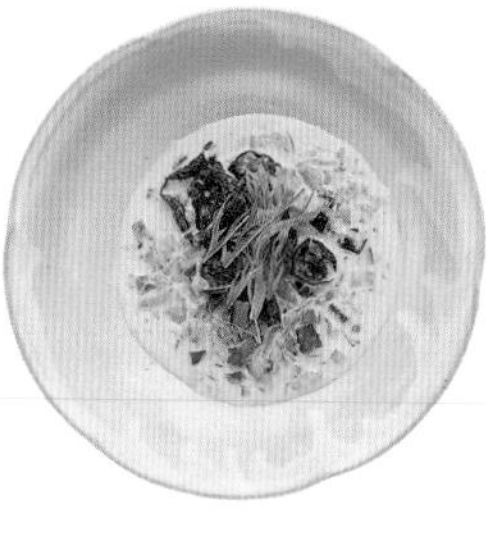

香氣逼人的蕎麥仁，粒粒分明的特色正好作為湯裡的口感層次。其它也有用到蕎麥的燉飯，一樣深受好評。

抱陽雞蛋和
朱鷺色喇叭茸
奶油炒蛋

天然菇類和雞蛋擁有最好的搭配性。煮透的洋蔥配上用醬油、馬德拉酒、魚露等素材調成的獨家醬汁。

右・左）由經營木材批發商的祖父所建造的家，現在已改裝成餐廳。中）北澤先生自20歲左右便對養生飲食療法的概念非常有興趣，自己實際進行玄米、菜食的生活。熱衷於研究飲食的安全性。

Restaurant information

職人館

以十割蕎麥麵和當地食材調製的創作蕎麥麵為主，使用了橄欖油和起司的獨特料理，頗具口碑。山林季節料理4200日幣～

地址：長野縣佐久市春日3250-3
Tel：0267-52-2010
營業時間：11：30～15：00
（17：00～僅接受預約）
公休：星期三・四
（黃金週、國定假日、8月無公休）
席數：座位8席、地板座位2席、暖爐旁1席

右）從小小的側門入口進去後，一樓可以看到實木地板的寬廣廳堂。左）二樓是進行草本染整毛織品的工作室。

配在吐司旁的切片白蘿蔔，沉透的鮮美滋味，以及從口感輕脆的吐司擴散開來的濃濃小麥香，還有清爽地溜進喉嚨中消散的咖啡。用完所有餐點後，自然也深刻地體會到這片土地的豐饒。此外，咖啡豆雖然不是由當地生產，但卻由高塚先生親手煎焙。咖啡豆採取淺度烘焙，雖然日本人大都喜愛深度烘焙後帶有苦味的咖啡，但要襯托出咖啡豆本身的特色，還是要以淺度烘焙處理。其中的酸味和甘甜，才是最令人感到美味的部份。

靜靜地待在這家店內，就會發現其實有各種顧客陸續來訪。有時髦的女孩、幾分孤僻氣息的年輕人、到附近買東西後回家的活潑大姐、靜靜地隱居在附近的鄰居、在往醫院途中稍作休息的婆婆。大家都和高塚先生

聊一會兒，或是喝上一杯咖啡後回家。在這裡碰了面的人們也會相互寒暄閒談。那股氣氛自然得無法形容。

進門後左手邊的吧台，像是當地的集合處般熱鬧，中間的寬廣廳堂裡，人們悠閒地打發著時間，更裡面的小包廂裡，可見有人在看書、或是三五好友聊著天。店裡空間寬廣，卻無處不洋溢著溫暖的氣息，閑靜時光緩緩地流逝著。這股溫暖不僅來自於請當地的板金工人佐藤先生，所打造的燒柴暖爐，也不只是因為整天都曬得到陽光，而是因為高塚先生的視線，總是溫暖地注視著當地人們的緣故吧。

東京的主廚也不遠千里造訪名店—職人館

大約車程10分鐘，抵達了荒郊野外般的山林田地，「職人館」這幢氣派的建築物就位於這裡。事實上，「職人館」可是這個地區最具代表性的名店。館主北澤正和師傅，在這裡開設手打蕎麥麵和運用野林素材調製的創作料理餐廳，已經是18年前的事。而這幢建築物是北澤師傅的祖父曾住過的家。

「這裡沒有知名觀光地，只是個平凡的鄉下地方。在那裡開店應該不會有半個客人光顧吧，當初所有人都覺得這是個很蠢的想法，但很不可思議地，人們竟往這裡聚集過來。」

曾幾何時，這裡成了和東京的主廚們密切相互交流的獨特店家。事實上北澤師傅正是所謂的「團塊世代」（指生於1947年到1951年之間，第二次大戰後嬰兒潮的人口），對學校的課程毫無興趣，比起去學校，更愛往舊書店跑，對民俗工藝理論和環境經濟學充滿興趣。畢業之後，進入當地的市公所工作時，決定出訪全國各地的師傅，親自進行採訪。後來，自己萌生出「盛裝在具健康美感容器中的料理，就一定要是健康的飲食」的想法，決定創立以無農藥食材烹製料理的職人館。20年前，這一帶以無農藥種植法栽種作物的，那位就是連東京地區也無人不知，彷如教主般地位的由井先生。北澤師傅正是和由井先生一起，長年主張「健康的蔬菜才最美味」的觀念。

因為這裡終究是家蕎麥麵店，當然只點蕎麥麵也可以，但北澤師傅所設計出來的創作料理，充滿了連料理業界都深感興趣的新穎構想。氽燙根莖類蔬菜的沙拉，切成讓人大口咬的尺寸。紅蘿蔔直接連皮煮，因為蔬菜夠新鮮才能這樣做。

另外，北澤師傅還在料理中飾上了白隱元豆，以及咀嚼時能展現特別口感和香氣的蜂斗菜花。「因為食材本身就很美味，所以不要添加多餘的調味反而比較好。」話雖如此，這可是下了許多能呈現美味的功夫。

位在山林野暮間的YUSHI CAFE和職人館，在這兩家店裡品嚐到的料理，有一個極大的共通點。因為他們使用的是同一塊土地上的食材，也許美味是必然的結果，但也因為這樣，更使人特別深刻地體會到這裡的風土精神。如果主廚沒有堅守這股味道，並且希望讓更多人瞭解它，也無法促成這份滋味的產生。最重要的並不是烹煮料理的技術，是用心靈的雙眼來看待大地。

凝聚這塊土地上美味的米和水

大澤酒造

創業當時（1689年）釀造的酒，現在仍封在白磁的古伊万里壺裡，據說是日本目前最古老的酒。雖然這裡並不開放讓人參觀造酒過程，但可參觀白牆倉庫中所創設的美術館、資料館和書法館。

地址：長野縣佐久市茂田井2206
Tel：0267-53-3100
營業時間：9:00～16:00
部份可供試飲

約20年前起開始用當地種植的酒米「人心地」品種，釀造「信濃Kataribe」純米酒。濃厚口味讓人百喝不膩。

每星期四才會出現的新面孔

SUNS

去年的夏天起，井出幸司店長決定用雪鐵龍的1979型H款箱型車，經營移動式的漢堡餐廳。星期四時，會在YUSHI CAFE的停車場營業，使用長野縣產的食材烹製的漢堡，份量感十足。

地址：長野縣佐久市春日2917-1
Tel：090-4913-4551
營業時間：11：00～18：00（星期四）
http://sunburger.blog36.fc2.com/

辣味起司漢堡800日幣。100%使用蓼科山養育的牛製成的絞肉，具有恰到好處的油脂和濃厚的肉味，再加上獨門調製的蕃茄醬汁。

致力推廣望月地區的「破房子」協會

為了刺激地區活化發展，一向站在第一線奮戰的北澤師傅，最近又開始推動一些好玩的計劃了。「我辦了一個『山林鄉野破房子協會』。把我的店與YUSHI CAFE等店家召集起來，然後把當地的特色與風味，介紹給來到這塊土地上的訪客們。」

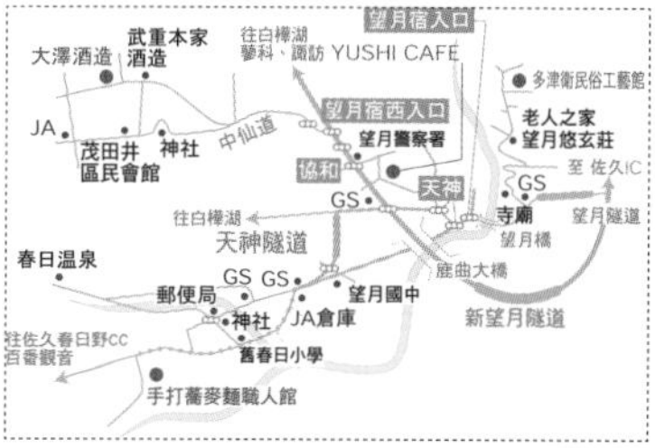

Access

開車：佐久IC→信號佐久IC入口處右轉。自信號佐久IC西往左轉走141號線，至信號淺間中學西右轉，轉入44號線。信號百澤東時往右轉，走142號線，即至新望月隧道。

盡享從御牧原高台所眺望的美景

多津衛民俗工藝館

為曾在這塊土地上執教鞭，推廣民俗工藝的小林多津衛所建造的紀念館。館內展示了陶藝藝品、布帛、書本等收藏品。附設「Tatsumin茶館」。陶藝部的工作窯，除了販售作品之外，還有舉辦陶藝教室。

地址：長野縣佐久市望月2030-4
Tel：0267-53-0234
開館時間：星期五・六・日・一　10:00～17:00
休館日：星期二・三・四、1～3月下旬
入館門票：300日幣

江戶期伊萬里陶製小杯的收藏量驚人。光是欣賞花樣就讓人樂在其中。另外也有柳宗悅等大有來頭的展示品。

栃木縣益子町

starnet

煙燻雞肉沙拉

蔬菜幾乎都是出自當地山崎農園的無農藥栽植有機蔬菜。雞肉則是平地放養的檜山農場所供應。這些是必須依靠長達10年間建立的信賴關係，才能獲得的食材。蔬菜和雞蛋則可以在商品部購得。

右、上）2010年「starnet kitchen」遷移至山丘上，更名為「山之食堂」。以前的店面則改為經營咖啡廳。

從首都高速公路轉東北公路，經由北關東公路的真岡INTER，抵達栃木縣益子町約需2個小時。閑靜的鄉野間，豎立起一整排「益子燒」的廣告看板。越過這些招牌後，就可以看到「starnet」了。「starnet」開創於1998年，剛起步時以古舊民宅風的建築物為號召，經營陶藝品、雜貨的藝廊、自然食品商店、咖啡廳（starnet kitchen）。

店家代表馬場浩史先生，20多歲時便在歐洲流行設計業界獲得事業上的成功，回國後也依然是走在創作業界尖端的人士。然而，他卻在約15年前毅然決然地離開都市，親身實踐與大自然為伍的生活形態。

「starnet」由馬場先生和朋友一同開創，在因緣際會下得到的土地上，進行包含食、衣、住綜合層面的環境企劃。以山林鄉野間的生活為理想，打造出能推廣手工藝及傳統精神的空間。

而吸引客人前來的，自然是廚房裡的飲食，也就是使用當地生產的蔬菜、雞肉來烹製的「地產地消」料理。不過這些倒不是什麼鄉間風土料理，而是善用了食材優勢的簡單料理。店裡的食譜由身為藝術創作者的星惠美子小姐所設計。只是，所謂不多加調理的料理，又能表現出什麼樣的味道呢？心中不免對此感到小小的疑惑。

端到桌上的料理，是盛裝在偌大容器中的蔬菜。一瞬間就被它浩大的氣魄壓倒，擁有朝氣及鮮艷活潑的顏色。正因為是早上剛採收下來的蔬菜，一個個都有獨當一面的主角架勢。炸過的茄子呈現出美麗的紫色，「茄子不經調味，麵衣直接下鍋炸，不但顏色變得很美，味道和口感也會不一樣，非常好吃。」主廚這麼說。雖說原則上盡量不加以人工調理，但還是掌握了美味的訣竅。用平地放養的紅羽雞製作成的煙燻雞肉，最大的特徵就在於隨著咀嚼不斷滲出的鮮味。這是仰賴食材本身、鹽、煙燻香味間的協調來呈現出的美妙滋味。

料理就像是在享受「濃縮在一張盤子裡的人類智慧」。料理人是基於什麼樣的靈感、使用什麼樣的素材、是怎麼料理的呢？其間經過無數次反覆修改選擇，最後才能完成一盤小小的料理。

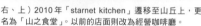

可自由選擇麵包或糙米飯、雞蛋的味道也柔和順口

天然酵母麵包片

沙拉、湯，以及用店裡用當地生產的小麥粉，烘焙而成的天然酵母切片麵包。

天然蛋包麵包片

蛋包、沙拉、湯，配上自選的天然酵母麵包或糙米飯。雞蛋的味道柔和順口。

繪畫也及音樂，不也是同樣的過程嗎？正因為如此，身體才會對它們有所反應。這裡的料理給人的印象不深，都市裡那些自各地蒐購來的知名食材，相信應該更能給人衝擊感吧。但是，唯一不同的地方，是在料理中那種順其自然的感覺。有機栽培的蔬菜、活潑地到處奔跑的放養雞。它們生長的源頭，就是這塊土地、水和空氣。將自然的味道反映在料理中，無論再高超的調味手法，都無法表現出來這樣的味道。因此身體完全不會不協調的感覺。不管是料理、麵包或穀物，一切都和當地生產的食材相互聯結在一起。這段花上十年時間才締造而成的歷史及文化。看起來簡單的料理，卻帶給我們如此的教化。要探求離開都市餐桌的意義，答案就在這裡。

starnet咖哩

以蔬菜和雞絞肉為主角的咖哩。比起辣味，香辛料的氣息更加豐厚。

Restaurant information

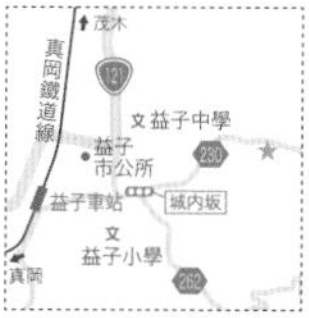

Access

電車／JR東北新幹線宇都宮車站，轉搭東野巴士在益子町站下車。約1小時車程。

開車／由北關東公路真岡IC前往約20分，走北關東公路友部IC，約40分。

地址：栃木縣芳賀郡益子町益子3278-1
Tel：0289-81-8002（僅回應店家資訊）
營業時間：11:00～16:30L.O.（starnet山之食堂）
※謝絕10歲以下兒童入場
公休：星期四（遇國定假日則營業）
店家相關訊息與活動詳見www.starnet-bkds.com

店家代表馬場浩史先生。去年，創立了獨立音樂廠牌，推出自己作曲、演奏並錄音的CD。未來還將展開更多深具企圖心的活動。

園地裡有主廚們各自負責照料的田地，種著各式各樣的蔬菜和香草。料理中需要的各種材料，全靠自己的雙手種植而成。

千葉縣富里市

Cucina Tokionese Cozima

富里蔬菜義大利麵

在直徑30cm的平底鍋中，一次料理兩人份義大利麵。裡面加了白蘿蔔、蕪菁、紅蘿蔔、綠花椰菜、羅馬花椰菜等富里當地種植的蔬菜。麵的部份1人份只有25g，稍嫌少了一點，但因為有大量蔬菜，份量感依然紮實。生火腿和起司的鹹味也具有絕妙的風味，食材僅有蕃茄是選用了高知產的甜蕃茄品種，足見主廚對味道上的嚴格要求。晚間套餐2800日幣～，可依喜好選擇義大利麵的口味，兩人以上才供餐。

黃色的獨棟建築。天氣不錯的時候，也有人會選擇在外面的天台想用點心。田原和馬場就在眼前延伸開來，新種的油菜花、萵苣、京水菜、高菜幼苗，正日復一日地茁壯起來。

離市區約1小時車程，自東關東道的富里INTER下去後再5分鐘，沿國道邊可以看到一幢黃色的建築物。房子的另一邊，居然還能看到馬在吃草的景象！原來這家餐廳位於馬術俱樂部的園區內。2009年10月，Cucina Tokionese Cozima就在這個新天地之間，正式起步。「在東京守著一個主廚的本份打拚，一轉眼我也40歲了。到底要待在東京奮鬥呢、還是回到故鄉千葉，真是煩惱得不得了。」小嶋主廚的老家周遭，有許多農家，環境條件非常豐饒。只是在這種不是觀光區的窮鄉僻壤，又有多少人會來吃義大利料理呢。以前去修習的13家店，全都是開在跟這裡一樣的鄉下地方，最後才終於下定決心回來。」

平常日的11點30分，顧客陸陸續續上門。很意外地，大多都是40、50多歲的夫婦。帶著孩子一起出門的人則更晚一點才會出現。「午餐時段客人較多，桌子大概可以到三轉，但平常日的晚上就實在沒辦法跟市中心比了。因為來回得開車，所以連來喝酒的人都很少。不過，在圍繞著綠意的環境下工作，一點壓力也沒有。」

以前的工作環境裡，有很多年輕的料理人，料理作業經過規劃分擔後，可以高效率地處理餐點。在這裡，只有主廚和助手共兩人，不全力以赴就無法推動店裡的工作流程，但努力後獲得的工作成就感卻完全不同。就實際面來說，兩個人負責招呼將近40席的店面，竟然可以不讓客人多等，工作時的幹練架勢實在驚人。料理中活潑躍動的生命力更讓人感動不已。雖然小嶋主廚原本就擅長料理蔬菜，但看看直接盛在平底鍋裡上桌的料理，不論是加入大量富里蔬菜的義大利麵、魚料理旁也配了蔬菜配料，蔬菜的比重增加了不少。「年紀大了之後，我自己也變得對蔬菜產生了興趣。」

小嶋主廚天台前方的小塊田地裡開始種蔬菜。「想做的事一大堆，日子過得很有意思。」

事實上，現在的小嶋主廚心裡，也和同年齡層的主廚們一樣，煩惱於下一步該做些什麼。要用這家小店和市中心的店家一較長短嗎？還是到鄉下地方去以自己的步調來發展？一旦習慣於都會餐廳裡的洗練環境，對鄉下自然會抱持些許猶豫。「有些客人會穿著很休閒的衣服

連當地人都不曾見識過的富里蔬菜義大利料理

義式蔬菜湯

定價1000日幣的義大利麵午餐，可以無限量取用美味的義式蔬菜湯。這是富含蔬菜精華的一道湯品。

富里蔬菜法式肉凍
配5種醬汁

午間2700日幣套餐的前菜。用當季盛產蔬菜壓實後做成的蔬菜法式肉凍。強烈的柚子香令人食指大動。

右）小嶋正明主廚。在「AcquaPazza」修習後，赴義大利深造。回日本後，在「青山AcquaPazza」工作，其後便創立了這家店。左上）用餐空間採取義大利郊區的鄉間餐廳風格，搭配經典的傢俱。左下）入口處的壁面上，掛了義大利各地料理名店的觀賞用彩繪盤皿。

來用餐。不過，希望能慢慢地讓客人們覺得『這裡跟別的地方不一樣』，盡情享受在餐廳用餐的氣氛。」

40多歲主廚，不只負責料理，同時也肩負了推廣文化的責任。日本的鄉下人，也開始像義大利一樣，懂得打扮得體面一點，到附近的餐廳去享受餐點。相信這也會形成吸引人們遠赴郊區一遊的力量。

低溫油封比目魚 蕪菁葉醬汁百合根小松菜

晚間的套餐主打魚料理。陳皮（以乾燥的桔子皮製成）散發出豐厚的香味。

Restaurant information

Access

電車／JR成田線・京城線酒之井車站外加車程10分鐘
開車／走東關東道，自富里IC車程5分鐘

地址：千葉縣富里市中澤1154-1
Tel：0476-90-0777
營業時間：11：30～14：00、17：30～20：30
公休：星期日
席數：40席
www.cozima.jp

右）店門外就是馬術俱樂部「富里HORSE PARK」。午餐＆騎馬行程5800日幣～（限兩人以上）。左）從富里的農家分來的蔬菜。

新瀉縣南魚沼市長森

櫸苑

本膳（出自7350日幣套餐）

左上是一年四季都會有的芝麻豆腐。右邊是白醋漬小黃瓜香菇、天婦羅（炸櫛瓜、明蝦、牡蠣，櫛花、炸紫蘇葉捲玉米）。芋梗芝麻糊、烤茄子、醃料炸素鵝、擬菜凍（用新瀉產一種叫擬菜的海草製成，口感像蒟蒻凍）。全都是非常適合下酒的佳餚。

上）每年都會精心修理，保養得相當漂亮的茅草屋頂。今年保養的是正面的一半，據說保養一次就得花費5年之久的時間。下）氣勢非凡又沉穩的包廂。精緻的擺設也很值得一見。

自關越的六日町INTER下來後，沿著國道再前進一點，很快就抵達四面都是綠色水田的地區。說到新瀉縣的南魚沼市，首先想到的就是日本首屈一指的白米。稻穗結實累累的寧靜田園風景，正訴說著風土、生活上的豐裕無虞。「欅苑」就位在這個物產富庶地區的一隅。顧名思義，欅苑確實有一棵巨大的欅樹，茅草屋頂古色古香的民宅，那厚重氣派的構造完全超乎了事前的想像。

「這棟房子有135年歷史，在這一帶留下來的舊房子裡，就屬它最古老。只是，這種房子就算沒在使用，也會自己慢慢損傷，所以才會在昭和61年（1986年）開始供應飲食，開始營業。」女主人南雲直子說。由於希望訪客都能細細品味越光米的美味，以及用當地蔬菜烹煮而成的鄉間料理，欅苑目前依然採取預約制度。

自一進圍牆的土間（入屋前的泥土地）一路被領至廣間（主廳），等到眼睛適應室內光線，立刻就被這幢建築物壯麗的氣勢給壓倒。挑高的天花板、美麗的壁面、堅實的樑柱，況且吃得還是店家自己栽種的米和蔬菜，叫人怎能不期待呢。

定價7350日幣的套餐，首先呈上抹茶和日式小點心，讓人心情為之緩和。再來上的是冷的日本酒，用以作為餐前酒。接著是吸物膳、本膳、燒物、野菜煮物、揚物、日式勾芡雜燴湯陸續上場。這些餐點都是由南雲女士以及附近農家的女性們烹製，料理內容雖然樸實，但卻細緻動人。像是菊花釀或櫛花天婦羅，具豐富的變化性。且非常適合下酒。任何人都知道新瀉是日本酒的名產地。店裡的酒從張鶴、越乃寒梅、久保田等聞名全日本的品牌，到天神囃子、綠川、萬壽鏡等當地人才熟知的地方性品牌，種類齊全琳瑯滿目。配上品項繁多的料理，舉杯之際，心情更是舒暢。話說回來，這裡真正的壓軸主角，果然還是白飯。

讓人充分體驗日本飲食豐富性的料理

抹茶和小點心

日式勾芡雜燴湯、豆飯

吸物膳（什錦湯品）

蔬菜煮物（燉）

揚物（炸）

燒物（烤）

出自7350日幣套餐

從一開始的抹茶、點心，到吸物膳（蓴菜凍清湯、菊花花瓣、蘘荷、帆立貝粿、香菇鮮湯）呈上來後，接著是本膳、燒物（野生鮎魚）、煮物（冷醬湯夏季時蔬）、揚物（炸鰍魚）、日式勾芡雜燴湯和豆飯，豐富的菜色絕對能飽餐一頓！

今天餐點中配的是加入青豆或大豆炊成的豆飯。此外，現在雖然不是茶豆的產期，但取而代之的青翠枝豆，也有濃厚的香氣。到了晚秋就會有丹波黑豆，也擁有令人驚艷的美味。」當時正好是新米入庫的時期，試著問了南雲女主人：「新米的味道是否特別香郁呢？」她回答說：「其實我們當地人不太注重是不是新米，因為保存白米的米倉一直都維持在攝氏13度左右，一整年都很好吃！」即使是8月的米，也擁有純淨新鮮的味道。相信也是越光米的實力之一吧。

　櫸苑也提供留宿服務。「因為這附近既沒有溫泉，也沒有旅館，主要是為了客人的方便而設的服務。」由於店家沒有特別宣傳，但還是推薦在櫸苑享用美食、盡興地舉杯對酌。

早餐

烤鮭魚、納豆、煎蛋、蕃茄沙拉、隱元豆拌芝麻、漬豆腐。還有配料很多的味噌湯和白飯，讓人忍不住想多吃幾碗。

上）南雲女士的田圃，這一帶獲得「特別好吃」的評價。中）據說樹齡已達1500年的巨大櫸樹。像是要守護家園似地向四面八方紮根。左）南雲直子女主人說：「雖不是特別出眾的料理，但食材和料理都出自本地人之手。請放鬆心情細細品嚐。」

右）過了土間後，抵達寬廣的實木地板廣間，中央處建造了日式室內火爐。左）配合訪客們的用餐時間，以炭火細細烤熟的天然野生鮎魚。剛從附近的河裡抓到的新鮮鮎魚，烤得香味撲鼻，稍微灑點鹽就能吃了。秋季的野生舞菇，味道也非比平常。

Restaurant information

Access
電車／上越新幹線浦佐車站車程15分鐘
開車／關越自動車道六日町IC起車程12分鐘

地址：新瀉縣南魚沼市長森24
Tel：025-776-2419
營業時間：11：30～13：00入店、17：00～19：30入店
採取最晚前一天預約，僅收預約客的制度
料理：5250日幣、7350日幣
住宿：1萬2600日幣、1萬4700日幣（住一晚附兩餐）

後序

本書是由2006年《Real Design》創刊號起，將連載近5年的內容編撰而成。事實上，原本的連載順序是「美味的設計」→「頂級晚餐」，而最後的「地方性餐廳」則是在季刊雜誌《Discover Japan》連載的內容。

「美味的設計」的連載起因，是高橋俊宏編輯來找筆者商量：「難道不能從設計的角度來看待一道料理嗎？」如果是一位料理界的專業人士，自然就會對用了哪些食材感到興趣，但對一般人、甚至於對料理不太有興趣的讀者來說，看完本書的感覺又會是怎樣呢？這是當初擔心的地方。直到開始連載後，心裡的大石頭才終於放下來。和筆者一同前去採訪、並負責攝影的高橋先生，每次都對料理的結構，以及使用到的食材抱有非常濃厚的興趣，經常提供許多協助，也常常驚訝地讚嘆「原來職業級的料理，竟然要用到這麼豐富的的材料呀！」以設計角度來說，雖然料理本身的設計性已經非常有意思，但將料理解構來看，將可以傳達出更多層面的設計概念。連我自己也在連載期間學習不少。

「頂級的晚餐」則是筆者想挑戰以稍帶故事形態的方式來介紹餐廳，才開始連載的專欄。日本的雜誌或電視節目大多一股腦地將焦點放在「新」的東西上，但是，一家餐廳要呈現出真正具穩定性的料理、穩重圓融的氣質，需要5年、10年的時間，隨著時間一起慢慢累積而成。藉由介紹每家店「述說著歷史的一道菜色」，好好地整理出店家的歷史、主廚抱持的料理哲學。由於介紹的餐廳裡，有許多家都是個人非常喜愛而崇敬的主廚所創立，在寫稿、整理資料時也增添許多樂趣。像主廚的創造力源頭，其實是來自「夫人的一句話」；同一種食材的料理，也會因為主廚的個性而有完全不同的表現方式等，在因緣際會下，得到了許多新發現。

而「地方餐廳」這個章節，是我在東京埋首工作的忙碌生活中，一有喘氣的機會就直奔遠地採訪，才得以獲得的成果。在這段期間給予採訪機會的眾多店家，後來也仍保持著聯絡。尤其是「壽司處Mekumi」，是我每年必定要前去造訪兩次的店家。外縣市的優越之處，除了環境和食材之外，最棒的莫過於能夠實際體驗到料理人投注其中的精神。能夠得到這麼多邂逅的機會，叫人至今仍感激不已。

這本書最後能夠集結成冊，在此要感謝高橋俊宏編輯長、椎野真里子小姐、小池真之介先生莫大的協助，多謝他們仔細地確認、校正內容。此外，連載期間不厭其煩地配合採訪的各位主廚、餐廳工作人員，請容筆者再度致上深深的謝意。

料理總是與時並進，餐廳也會隨著時間的流逝而日漸成熟。新開立的店家、已臻成熟的店家，各有各無可取代的魅力。為了讓它們的美妙之處傳達給更多人，筆者還要繼續撰寫餐廳導覽。希望這些文章能促成各位一段快樂的時光。

2010年7月 犬養裕美子

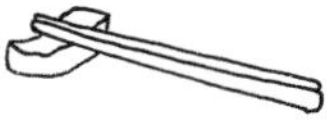

Restaurant INDEX
料理類別餐廳索引

在此將本書中所介紹的46家餐廳，分別以「法國料理」、「義大利料理」、「日本料理」、「中華料理」及「其它料理」共計5種類別來將資訊編列成表。請依個人的心情和目的，參考這份資訊表來選出心中的理想餐廳吧！

法國料理

La Branche

地址：東京都澀谷區澀谷2-3-1 青山PONY HEYM 2F
Tel：03-3499-0824
營業時間：12：00～14：00L.O.
18：00～21：00L.O.
公休：星期三・每月第二個星期二・第四個星期二
午餐：套餐3600日幣
6000日幣、7800日幣
晚餐：套餐7000日幣
1萬日幣、1萬2000日幣

[P46～]

RESTAURANT Kinoshita

地址：東京都澀谷區代代木3-37-1 代代木Estate大廈1F
Tel：03-3376-5336
營業時間：12：00～14：00L.O.
18：00～21：00L.O.
公休：星期一
午餐：1900日幣～
晚餐：4000日幣～
需提早一個月訂位

[P10～]

Le Mange-Tout

地址：東京都新宿區納戶町22
Tel：03-3268-5911
營業時間：18：00～21：00L.O.
公休：星期日
晚餐：僅供應主廚套餐1萬2600日幣。單杯葡萄酒1400日幣。可刷卡

[P58～]

Restaurant ALADDIN

地址：東京都澀谷區惠比壽2-22-10廣尾RIVER SIDE G 1F
Tel：03-5420-0038
營業時間：12：00～14：30L.O.
18：00～21：30L.O.
公休：星期日
午餐：套餐3600日幣
4800日幣
晚餐：套餐7000日幣
1萬日幣 另可單點
www.restaurant-aladdin.com

[P22～]

BISTRO DE LA CITÉ

地址：東京都港區西麻布4-2-10
Tel：03-3406-5475
營業時間：12：00～14：00L.O.
18：00～22：00L.O.
公休：星期一、每月第二個星期二
午餐：1750日幣～
晚餐：僅供單點，參考預算8000日幣上下。

[P70～]

Apicius

地址：東京都千代田區有樂町1-9-4蚕系會館大樓B1
Tel：03-3214-1361
營業時間：11：30～14：00L.O.
17：30～21：00L.O.
公休：星期日
午餐：套餐5000日幣～
晚餐：套餐1萬2600日幣～
另可單點
※男性需穿著西裝

[P34～]

Restaurant FEU

[P104～]

地址：東京都港區南青山1-26-16
Tel：03-3479-0230
營業時間：11：30～14：00L.O.
18：00～21：30L.O.
公休：星期日、每月第3個星期一
午餐：套餐3150日幣、4515日幣・6300日幣、9450日幣
晚餐：套餐8400日幣、1萬2600日幣、1萬5750日幣

KM

[P82～]

地址：東京都中央區銀座8-8-19 伊勢由大廈6樓
Tel：03-6252-4211
營業時間：12：00～13：30L.O.
17：30～20：30L.O.
公休：星期一
預算：午、晚間均為8800日幣～
可刷卡，需提前一日預約

Les enfants gates

[P112～]

地址：東京都澀谷區猿樂町2-3
Tel：03-3476-2929
營業時間：12：00～14：00L.O.
18：00～21：30L.O.
公休：星期一（遇國定假日時，隔日公休）
午餐：套餐3150日幣～
晚餐：套餐7140日幣

Les Creations de NARISAWA

[P88～]

地址：東京都港區南青山2-6-15
Tel：03-5785-0799
營業時間：12：00～13：30L.O.
18：30～21：00L.O.
公休：星期日、一（另不定期）
午餐：4725日幣～
晚餐：1萬5750日幣～

Toshi Yoroizuka

[P120～]

地址：東京都港區赤坂9-7-2 東京MIDTOWN・EAST 1樓
Tel：03-5413-3650
營業時間：11：00～21：00L.O.
公休：星期二（店面可外帶）
甜點：1200日幣～
www.grand-patissier.info/ToshiYoroizuka

Cuisine[s] Michel Troisgros

[P96～]

地址：東京都新宿區西新宿2-7-2 Hyatt Regency 東京 1樓
Tel：03-3348-1234（代表號）
營業時間：11：30～14：00L.O.
18：00～21：30L.O.
公休：無
午餐：套餐5830日幣～
晚餐：套餐1萬1550日幣～
（以上均含消費稅・服務費）
www.troisgros.jp

Le Dessin

[P128～]

地址：東京都新宿區原町2-6-7 Heights SM 1樓
Tel：03-3353-2223
營業時間：12：00～13：30L.O.（僅星期六、日提供午餐）、18：00～21：00L.O.
公休：星期三・每月第3個星期二
午餐：套餐1950日幣～
晚餐：套餐4300日幣～
需預約

restaurant Quintessence

[P100～]

地址：東京都港區白金台5-4-7Barbizon 25 1樓
Tel：03-5791-3715
營業時間：12：00～13：00L.O.
18：30～20：30L.O.
公休：基本上為星期日，此外每月6日，年末、元旦、夏季各有公休
午餐：7875日幣～晚餐：1萬6800日幣～無單點 服務費10% 可刷卡 需預約訂位

Au Bon Accueil

[P156～]

地址：東京都世田谷區駒澤2-5-14
Tel：03-6661-3220
營業時間：11：30～14：00L.O.
18：00～21：30L.O.
公休：星期三・每月第3個星期二
午餐：套餐2600日幣～
晚餐：套餐4600日幣～

Chez Urano

[P132～]

地址：東京都港區虎之門3-22-10-104
Tel：03-3433-1433
營業時間：11：30～13：30L.O.
18：00～21：30L.O.
12：00～13：30L.O.
18：00～21：30L.O.
（六日・國定假日）
公休：星期一
午餐：套餐2730日幣～
晚餐：套餐7350日幣～

OREXIS

[P164～]

地址：東京都港區白金2-3-3 Calmcourt白金高輪1樓
Tel：03-5918-8311
營業時間：11：30～13：30L.O.
18：00～22：30L.O.
公休：星期一・每月第二個星期二（遇國定假日營業）
晚餐：套餐6825日幣～
www.orexies.co.jp

Edition Koji Shimomura

[P140～]

地址：東京都港區六本木3-1-1六本目CUBE 1樓
Tel：03-5549-4562
營業時間：12：00～13：30L.O.
18：00～21：30L.O.
公休：不定期公休
午餐：套餐6300日幣、1萬3650日幣（平日4200日幣～）晚餐：套餐1萬3650日幣、2萬1000日幣（平日9450日幣～）需預約

義大利料理

RISTORANTE YAMAZAKI

[P14～]

地址：東京都港區南青山1-2-10 WEST青山花園 2F
Tel：03-3479-4657
營業時間：11：30～14：00L.O.
18：00～21：30L.O.
公休：星期日午餐：套餐1890日幣、2625日幣、4200日幣、5775日幣　晚餐：套餐1萬500日幣 另可單點
http://ristorante-yamazaki.jp

Le Sample

[P144～]

地址：東京都澀谷區東4-9-10
Tel：03-5774-5760
營業時間：18：00～22：00L.O.
公休：星期二・每月第1、3個星期三
午餐：2600日幣～
晚餐：6300日幣、1萬500日幣（聖誕節晚餐自12月23日～25日1萬2600日幣）

ACCA

[P26～]

地址：東京都澀谷區廣尾5-19-7
Tel：03-5420-3891
營業時間：12：00～13：00L.O.
18：00～21：00L.O.
公休：星期一
午餐：主廚推薦特餐4500日幣～晚餐：主廚推薦特餐1萬5000日幣～無單點服務
可刷卡

MIRAVILE

[P148～]

地址：東京都目黑區駒場1-16-9片桐大廈1樓
Tel：03-5738-0418
營業時間：12：00～14：00L.O.
18：30～21：30L.O.
公休：星期三
午餐：套餐2500日幣、3900日幣
晚餐：套餐5000日幣、7000日幣

RISTORANTE HONDA

[P152～]

地址：東京都港區北青山2-12-35
Tel：03-5414-3723
營業時間：12：00～14：00L.O.
18：00～22：00L.O.
公休：星期一（遇國定假日順延一天）
午餐：套餐2940日幣～
晚餐：套餐7875日幣～ 需預約

ACQUAPAZZA

[P42～]

地址：東京都澀谷區廣尾5-17-10 EastWest B1
Tel：03-5447-5501
營業時間：11：30～13：30L.O.
18：00～21：30L.O.
公休：無
午餐：套餐3500日幣
晚餐：套餐8400日幣～
另可單點

Le cucina italiana Dal Materiale

[P160～]

地址：東京都澀谷區富之谷1-2-11
Tel：03-3460-0655
營業時間：12：00～13：30L.O.
18：00～21：00L.O.
公休：星期一（遇國定假日則順延）
午餐：套餐1500日幣～
晚餐：以單點為主

LA BETTOLA da Ochiai

[P62～]

地址：東京都中央區銀座1-21-2
Tel：03-3567-5656
營業時間：11：30～14：00L.O.
18：30～22：00L.O.
（周末假日為18：00～21：30）
公休：星期日、每月第一、三個星期一
午餐：1260日幣（僅平日供應） 晚餐：套餐3990日幣

Cucina Tokionese Cozima

[P190～]

地址：千葉縣富里市中澤1154-1
Tel：0476-90-0777
營業時間：11：30～14：00
17：30～20：30
公休：星期日
席數：40席
www.cozima.jp

IL PENTITO

[P74～]

地址：東京都澀谷區代代木3-1-3
Tel：03-3320-5699
營業時間：19：00～22：00L.O.
公休：星期日、國定假日
預算：4000日幣左右
不提供刷卡服務，需預約

日本料理

一新

[P18～]

地址：東京都澀谷區元代代木町10-3第三高宏大廈1F
Tel：03-3467-8933
營業時間：12：00～13：30
18：00～22：00 L.O.
公休：星期六、日中午 午餐：每日特餐1000日幣、生魚片定食1600日幣、天婦羅定食1400日幣 晚餐：套餐8400日幣 不提供刷卡服務

RISTORANTE HiRo青山總店

[P124～]

地址：東京都港區南青山5-5-25 T-PLACE B1
Tel：03-3486-5561
營業時間：11：30～14：00L.O.
18：00～22：00L.O.
公休：星期一（遇國定假日則營業）
午餐：麵食午餐1890日幣～
晚餐：套餐6825日幣～

日本料理　一凜

[P136～]

地址：東京都澀谷區神宮前2-19-5 AZUMA BULL 2樓
Tel：03-6410-7355
營業時間：12：00～13：00L.O.
18：00～21：00L.O.
公休：不定期公休（公休日的訂位需在三天前確定）
午餐：套餐5500日幣～（採兩天前預約制）
晚餐：套餐1萬1000日幣～（採前一天預約制）

江戶蕎麥 Hosokawa

[P30～]

地址：東京都墨田區龜澤1-6-5
Tel：3626-1125
營業時間：11：45～15：00
17：30～20：45
公休：星期一・每月第三個星期二
www.edosoba-hosokawa
每月第三個星期六晚上舉行蕎麥麵教學活動

壽司處Mekumi

[P170～]

地址：石川縣石川郡野野市町下林4-48
Tel：076-246-7781
營業時間：採預約制
公休：星期一
午餐13～14貫8000日幣，晚餐16～18貫1萬3000日幣，搭配下酒壽司1萬6000日幣　席數：吧台7席（店內為無障礙空間）

壽司匠（Sushi Sho）

[P50～]

地址：東京都新宿區四谷1-11
Tel：03-3351-6387
營業時間：18：00～22：30
星期一、三、五從11：30開始營業（採售完即止的方式推出午餐。需訂位）
公休：星期日、逢國定假日的星期一　午餐：僅供應散壽司（1500日幣）20套
晚餐：供2萬日幣餐飲
可刷卡

日本料理　龍吟

[P92～]

地址：東京都港區六本木7-17-24 1樓
Tel：03-3423-8006
營業時間：18：00～25：00（22：30L.O.）
公休：星期日・國定假日
套餐（共12道）2萬3100日幣（21：00後接受單點）

赤寶亭

[P108～]

地址：東京都港區神宮前3-1-14
Tel：03-5474-6889
營業時間：18：00～22：30
12：00～14：30（僅星期三～六）
公休：星期日
午餐：套餐5250日幣～
晚餐：套餐1萬1550日幣～

中華料理

全家福

[P38～]

地址：東京都千代田區飯田橋2-1-6
Tel：03-3556-1288
營業時間：11：00～15：00L.O.
17：00～22：00L.O.
公休：星期日
午餐：900日幣～
螃蟹套餐5500日幣～
1萬2000日幣
另可單點

Jeeten

[P54～]

地址：東京都澀谷區西原3-2-3
Tel：03-3469-9333
營業時間：12：00～14：30L.O.
18：00～22：00L.O.
（週末、假日及每月第二個星期三僅夜間營業）
公休：星期二
午餐：1260日幣
晚餐：套餐4200日幣～
另可單點，不提供刷卡服務

YUSHI CAFE

[P178～]

地址：長野縣佐久市協和2379
Tel：0267-53-1043
營業時間：9:00～19:00
公休：星期三
席數：吧台7席
座位20席
www.yushicompany.com/yushicafe

職人館

[P179～]

地址：長野縣佐久市春日3250-3
Tel：0267-52-2010
營業時間：11：30～15：00
（17：00～僅收預約席）
公休：星期三・四（黃金週、國定假日、8月無公休）
席數：座位8席・地板座位2席・暖爐旁1席

starnet

[P186～]

地址：栃木縣芳賀郡益子町益子3278-1
Tel：0289-81-8002（僅回應店家資訊）
營業時間：11:00～16:30L.O.
（starnet山之食堂）
※謝絕10歲以下兒童入場
公休：星期四
（遇國定假日則營業）
店家相關訊息與活動詳見
www.starnet-bkds.com

櫸苑

[P194～]

地址：新瀉縣南魚沼市長森24
Tel：025-776-2419
營業時間：11：30～13：00入店
17：00～19：30入店
採取最晚前一天預約，僅收預約客的制度
料理：5250日幣、7350日幣
住宿：1萬2600日幣、1萬4700日幣（住一晚附兩餐）

Wakiya一笑美茶樓

[P66～]

地址：東京都港區赤坂6-11-10
Tel：03-5574-8861
營業時間：11：30～14：30L.O.
17：30～22：00L.O.
（周末假日～21：00L.O.）
公休：無
午餐：套餐3990日幣～
晚餐：套餐1萬500日幣～
另可單點，可刷卡。

赤坂璃宮

[P78～]

地址：東京都港區赤坂5-3-1
赤坂BIZ TOWER 2樓
Tel：03-5570-9323
營業時間：11：30～15：00L.O.
（週末假日～16：00 L.O.）
17：30～22：00L.O.
（週日、假日～21：00L.O.）
公休：無
午餐：3150日幣～
晚餐：8400日幣～

禮華

[P116～]

地址：東京都新宿區新宿1-3-12
Tel：03-5367-8355
營業時間：11：30～14：00L.O.
17：30～21：30L.O.
公休：無
（夏季、年底元旦期間擇日公休）
午餐：商業午餐1000日幣～
晚餐：主廚套餐5250日幣
PREFIX6300日幣～

其它料理

CAFE DE MAROC

[P174]

地址：長野縣北佐久郡御代田町鹽野3247-13
Tel：0267-32-2327
營業時間：11：30～14：00L.O.
18：00～20：00L.O.
（晚餐需最晚前一天預約，2名以上）
公休：1月中旬到3月中旬
星期四（8月期間無公休）
1、2月休
不提供刷卡服務

Restaurant INDEX
餐廳索引
（依英文字母與中文筆畫順序）

A

ACCA P26
ACQUAPAZZA P42
Apicius P34
Au Bon Accueil P156

B

BISTRO DE LA CITE P70

C

CAFE DE MAROC P174
Chez Urano P132
Cuisine[s]Michel Troisgros P96
Cucina Tokionese Cozima P190

E

Edition Koji Shimomura P140

I

IL PENTITO P74

J

Jeeten P54

K

KM P82

L

La Branche P46
LA BETTOLA da Ochiai P62
Le cucina italiana Dal Materiale P160
Les Creations de NARISAWA P88
Le Dessin P128
Les enfants gates P112
Le Mange-Tout P58
Le Sample P144

M

MIRAVILE P148

O

OREXIS P164

R

RISTORANTE HiRo青山總店 P124
RISTORANTE HONDA P152
RISTORANTE山崎 P14

中文

一新 P18

日本料理　一凜 P136

日本料理　龍吟 P92

全家福 P38

江戶蕎麥 Hosokawa P30

赤寶亭 P108

赤坂璃宮 P78

職人館 P179

壽司匠 P50

壽司處Mekumi P170

禮華 P116

櫸苑 P194

Restaurant ALADDIN P22

RESTAURANT Kinoshita P10

restaurant Quintessence P100

Restaurant FEU P104

S

starnet P186

T

Toshi Yoroizuka P120

W

Wakiya一笑美茶樓 P66

Y

YUSHI CAFE P178

豐富人生美食藝術

犬養裕美子◎著／樂活文化編輯部◎編

董事長　根本健
總經理　陳又新

原著書名　レストランジャーナリスト犬養裕美子の人生を変える一皿
原出版社　枻出版社 EI Publishing Co., Ltd.
原著作者　犬養裕美子
攝　　影　前田宗晃
地圖製作　A&W DESIGN、アルトグラフィックス
譯　　者　高橋
企劃編輯　道村友晴
執行編輯　方雪兒
日文編輯　楊家昌、李郁萱
美術編輯　翁君宇

財務部　王淑媚
發行部　黃清泰、林耀民
發行·出版　樂活文化事業股份有限公司
地　　址　台北市 106 大安區延吉街 233 巷 3 號 6 樓
電　　話　(02)2325-5343
傳　　真　(02)2701-4807
訂閱電話　(02)2705-9156
劃撥帳號　50031708
戶　　名　樂活文化事業股份有限公司
台灣總經銷　大和書報圖書有限公司
電　　話　(02)8990-2588
印　　刷　科樂印刷事業股份有限公司

售　　價　新台幣 320 元
版　　次　2011 年 1 月初版

ISBN　978-986-6252-14-3
Printed in Taiwan

PUBLISHING
樂活文化